中国石化员工培训教材

境外炼化工程项目质量管理

中国石化员工培训教材编审指导委员会　组织编写
本书主编　王江义

中国石化出版社

内 容 提 要

《境外炼化工程项目质量管理》为《中国石化员工培训教材》系列之一。本书从境内 EPC 承包商的角度对境外炼化工程项目质量管理做了系统的介绍，覆盖了设计、采购、施工等 EPC 总承包项目全过程的质量管理。本书分析了境外炼化工程质量管理的特点，梳理了质量管理的实施要点，给出了项目各阶段和各环节质量管理的方法。本书根据中石化炼化工程(集团)股份有限公司(SEG)的境外工程质量管理实践，引用了一些实例，为项目管理人员掌握和运用质量管理方法提供了借鉴。

本书适用于中国石化境外炼化工程项目的质量管理培训，也可供境内外总承包工程项目管理人员参考。

图书在版编目(CIP)数据

境外炼化工程项目质量管理／王江义主编．—北京：中国石化出版社，2014.11
中国石化员工培训教材
ISBN 978-7-5114-3085-4

Ⅰ.①境… Ⅱ.①王… Ⅲ.①石油炼制-化工工程-中外合资项目-质量管理-技术培训-教材 Ⅳ.①TE62

中国版本图书馆 CIP 数据核字(2014)第 253126 号

中国石化出版社出版发行
地址：北京市东城区安定门外大街 58 号
邮编：100011 电话：(010)84271850
读者服务部电话：(010)84289974
http://www.sinopec-press.com
E-mail：press@sinopec.com
北京富泰印刷有限责任公司印刷
全国各地新华书店经销
*
787×1092 毫米 16 开本 12.25 印张 299 千字
2015 年 1 月第 1 版 2015 年 1 月第 1 次印刷
定价：38.00 元

《中国石化员工培训教材》
编审指导委员会

序

中国石化是上中下游一体化能源化工公司，经营规模大、业务链条长、员工数量多，在我国经济社会发展中具有举足轻重的作用。公司的发展，基础在队伍，关键在人才，根本在提高员工队伍整体素质。员工教育培训是建设高素质员工队伍的先导性、基础性、战略性工程，是加强人才队伍建设的重要途径。

当前，我们已开启了建设世界一流能源化工公司的新航程，加快转变发展方式的任务艰巨而繁重，这对进一步做好员工教育培训工作提出了新的更高要求。我们要以中国特色社会主义理论为指导，紧紧围绕企业改革发展、队伍建设和员工成长需要，以提高思想政治素质为根本，以能力建设为重点，积极构建符合中国石化实际的培训体系，加大重点和骨干人才培训力度，深入推进全员培训，不断提高教育培训的质量和效益，为打造世界一流提供有力的人才保证和智力支持。

培训教材是员工学习的工具。加强培训教材建设，能够有效反映和传递公司战略思想和企业文化，推动企业全员学习，促进学习型企业建设。中国石化员工培训教材编审指导委员会组织编写的这套系列教材，较好地反映了集团公司经营管理目标要求，总结了全体员工在实践中创造的好经验好做法，梳理了有关岗位工作职责和工作流程，分析研究了面临的新技术、新情况、新问题等，在此基础上进行了完善提升，具有很强的实践性、实用性和较高的理论性、思想性。这套系列培训教材的开发和出版，对推动全体员工进一步加强学习，进而提高全体员工的理论素养、知识水平和业务能力具有重要的意义。

学习的目的在于运用，希望全体员工大力弘扬理论联系实际的优良学风，紧密结合企业发展环境的新变化、新进展、新情况，学好用好培训教材，不断提高解决实际问题、做好本职工作的能力，真正做到学以致用、知行合一，把学习培训的成果切实转变为推进工作、促进改革创新的实际行动，为建设世界一流能源化工公司作出积极的贡献。

二〇一二年七月十六日

前　言

根据中国石化发展战略要求，为加强培训资源建设、推进全员培训的深入开展，集团公司人事部组织梳理了近些年培训教材开发成果，调研了企业培训教材需求，开展了中国石化员工培训课程体系研究。在此基础上，按职业素养、综合管理、专业技术、技能操作、国际化业务、新员工等六类，组织编写覆盖石油石化主要业务的系列培训教材，初步构建起中国石化特色的培训教材体系。这套系列教材围绕中国石化发展战略、队伍建设和员工成长的需要，以提高全体员工履行岗位职责的能力为重点，把研究和解决生产经营、改革发展面临的新挑战、新情况、新问题作为重要目标，把全体员工在实践中创造的好经验好做法作为重要内容，具有较强的实践性、针对性。这套培训教材的开发工作由中国石化员工培训教材编审指导委员会组织，集团公司人事部统筹协调，总部各业务部门分工负责专业指导和质量把关，主编单位负责组织培训教材编写。在培训教材开发和编写的过程中，上下协同、团结合作，各级领导给予了高度重视和支持，许多管理专家、技术骨干、技能操作能手为培训教材编写贡献了智慧、付出了辛勤的劳动。

《境外炼化工程项目质量管理》为国际业务类教材，在编写时，主要依据为中国石化所属工程公司近年来开展的境外总承包项目和在境内参与赛科、扬巴、福炼等中外合资项目的管理实践。本书编制中融入了编者单位在中东联合荷兰AKER KVAERNER(AK)公司承担的沙特基础工业公司(SABIC) 50万吨/年聚乙烯、50万吨/年聚丙烯及大型仓储PHU项目(简称聚烯烃项目)，独立承担的SABIC物流(简称物流项目)和42万吨/年的聚酯项目(简称PET项目)，承担的哈萨克斯坦KPI石化一体化项目(简称KPI项目)过程中积累的一些质量管理经验。

本书第1章为概述，主要介绍了中国石化炼化工程的经营和发展，简述了境外炼化工程质量管理实践的要点，探讨了提升质量管理水平的方法；第2章为项目和质量管理基础知识，包括工程项目管理知识简介、ISO质量体系要求以及FIDIC合同条件引述；第3~6章涉及了项目质量管理、设计质量管理、采购质量管理、施工质量管理等内容，覆盖了EPC总承包项目质量管理的全过程。附件收录了境外炼化工程项目中一些常用质量术语的英文缩写，摘录了一些境外炼化工程实践中常用的文件条款和资料索引，还提供了一些项目质量文件的实例，作为质量管理人员的工作参考。

《境外炼化工程项目质量管理》教材由炼化工程集团负责组织编写，主编单位为上海工程公司，主编王江义(上海工程公司)，参加编写的单位有南京工程公司。王江义、徐良、沈江涛(上海工程公司)主要编写了第1章；沈江涛、徐良(上海工程公司)主要编写了第2章；徐良(上海工程公司)主要编写了第3章；徐歆桐、徐良(上海工程公司)主要编写了第4章；夏海明(上海工程公司)主要编写了第5章；束志军、陈飞、张汝晖(南京工程公司)主要编写了第6章。本书已经由集团公司人事部组织审定通过，主审蒋利强(宁波工程公司)，参加审定的人员有高永生、张奖军(炼化工程公司)、孙宏、蔡江济、於振福、王发兵、俞松柏(宁波工程公司)、何连之、胡英利、尉东平、王广华(第十建设公司)。审定工作得到炼化工程公司、宁波工程公司、第十建设公司的大力支持；中国石化出版社对教材的编写和出版工作给予了通力协作和配合，在此一并表示感谢。

由于本书涵盖的内容较多，不同企业之间也存在着差别，编写难度较大，加之编写时间紧迫，不足之处在所难免，敬请各使用单位及个人对教材提出宝贵意见和建议，以便教材修订时补充更正。

目　录

第1章　概　　述

1.1　炼化工程国际化发展和境外炼化工程现状

在中国石油化工股份有限公司（China Petroleum & Chemical Corporation 简称中国石化，英文简称 Sinopec）的业务引领下，在中国石油化工集团公司（简称中国石化集团，英文简称 Sinopec Group）及其前身原中国石油化工总公司的领导下，中国石化炼化工程板块几十年来在境内炼化工程建设领域取得了辉煌业绩，建成了境内一批大炼油、大化工、大化纤、大化肥和国家战略储备项目，为我国大型石油化工能源基地的建设做出了突出贡献。

中石化炼化工程（集团）股份有限公司［Sinopec Engineering（Group）Co.，Ltd.，简称中石化炼化工程集团，英文缩写 SEG］以境内外炼化工程为主营业务，在 2013 年度 ENR 全球最大 250 家国际承包商中国企业名录中位列第 91 位。SEG 和其前身，几十年来足迹遍布中国，近 20 年来，脚步向境外工程 EPC 总承包领域迈进。

从 1990 年开始，炼化工程板块成功进入国际市场，建立的业务平台覆盖了中东、中亚、亚太、非洲、南美等全球炼油和石油化工工程业务资本支出较多的地区，在科威特、沙特、卡塔尔、哈萨克斯坦、尼日利亚、新加坡、孟加拉国等国家和地区承担了多个炼油和石油化工工程项目，取得了良好的国际声誉并形成了固定的客户群，从 2000 年至今在国际工程市场累计完成合同额约 100 亿美元。与此同时，2000 年以来，炼化工程板块的工程公司和施工企业陆续承担了境内一大批中外合资项目的 EPC 工程总承包任务。这些合资项目聘请了欧美著名工程公司参加，按国际通行的项目管理模式运作。这些项目的顺利执行，促进了工程公司和施工企业与国际项目管理模式的快速接轨，有效提升了炼化工程企业按国际惯例执行 EPC 总承包项目的能力，也为走向境外打下了坚实的基础。

2007 年 7 月，由中国石化集团组建成立中国石化集团炼化工程公司（Sinopec Engineering，简称炼化工程公司，英文简称 SE），由中国石化集团授权并代表中国石化集团组织并整合中国石化直属工程建设公司以及中国石化其他下属公司与炼化工程承包业务相关的资源，统一经营与管理海外炼油和化工项目市场开发及项目执行。到 2011 年底，炼化工程公司已在境外设立了 6 个分（子）公司和 3 个代表处：中东（沙特）公司、哈萨克斯坦分公司、新加坡公司、阿布扎比分公司、俄罗斯分公司、尼日利亚公司、巴西代表处、科威特代表处和阿尔及利亚代表处。

2012 年 9 月 3 日，SEG 在京揭牌；2013 年 5 月 23 日，其 H 股于香港联合交易所主板正式挂牌交易。SEG 是由中国石油化工集团公司控股的、面向境内外炼油化工工程市场的大型综合一体化工程服务商和技术专利商，是目前境内最大的工程建设企业之一。SEG 具备同时执行 20 个以上大型 EPC 总承包项目、年完成设计投资额 1000 亿元的生产能力和经营规模，并拥有一批具有自主知识产权的炼油全系列技术和化工成套核心技术，可自行设计、建设单系列的千万吨级炼油厂和百万吨乙烯工程。业务范围主要包括：技术研发、技术咨询、工程设计、设备制造、工程施工、项目管理、EPC 总承包、施工总承包、投料试车等，并覆盖炼油、石油化工、煤化工和储运等多个领域。

与中国石化炼化工程国际化发展相似，中国化学工程集团公司、中国石油工程建设公司同时进入前100位排名，这些承包商一定程度涉及国际化炼化工程业务领域。根据ENR排名和数据，和国际知名承包商如BECHTEL、FLUOR等公司比较，境内从事炼化工程的承包商存还在很大的发展空间。

1.2 中国石化炼化工程国际化发展战略

配合中国石化境外发展战略，根据中国石化炼化工程“十二五”发展纲要，到“十二五”末，SEG将具备与国际大型工程公司同台竞争的基本实力，累计承揽境外炼化工程承包合同额争取达到110亿美元，其中高端市场业务及EPC总承包业务比重达60%以上。在市场开发方面，充分发挥中国石化品牌和炼化工程板块在人力资源、技术与融资方面的优势，针对不同区域、不同层次业务采取相应的营销策略。对于中低端市场，采取以我为主，充分利用好属地化资源，发挥技术、资源与融资的优势逐步扩大高端业务(PMC和EPC)的策略；对于高端市场的高端业务，采用与国际知名工程公司联合承包并逐步独立承包的策略；对于高端市场的中低端业务(如施工管理与施工)，采取以我为主，同时建设投标报价的决策支持系统，提高市场开发的效率与效益的策略。

“十二五”期间，SEG固定资产投资计划境外部分占预算投资总额一半以上。发展策略为：推进资源优化整合，大力开拓高端市场和国际市场；搞好资源节约和挖潜增效，提高工程效率和效益；培育具有自身特色和高技术含量的核心能力；不断优化资本结构，增强工程技术实力、市场竞争能力和企业盈利水平。

SEG的目标是打造集技术专利商与工程承包商为一体的世界一流能源化工类工程公司。

1.3 境外炼化工程主要特点

境外地域广，政治、经济、法律形势多变，技术标准复杂，风俗文化各异，气象、地质、水文、地理环境多样；新建炼化装置生产规模大，工艺复杂、技术丰富，质量安全风险高、建设周期长；项目活动是一种特殊的物质生产过程，其生产组织具有一次性、流动性、综合性、劳动密集性及协作关系复杂性的特点。质量管理作为项目管理的重要组成部分，与项目的特点密切相关。以下简单描述一些境外项目质量管理中需要重点关注的特点。

1.3.1 境外法律法规特点

当代世界各国的法律体系各有特点，但一般源自大陆法系(Civil law system)和英美法系(Common law system)。

大陆法系国家因其法律的成文性，也被视为成文法国家。成文法国家中，对工程及建筑业颁布了诸多具体的法律法规，甚至对施工操作规程都以法律细则予以规定，合同中需重新约定的内容较少。在成文法国家中，更要注重满足项目所在地国家法律法规。

英美法系以案例法为主要表现形式，其国家也被称为案例法国家。案例法国家对工程及建筑业很少颁布成文的法律、法规、条例和细则，各种有关文件、图纸、规范、标准、纪要、签证等都要作为合同的组成部分，才具有法律效力，未纳入合同的文件不具备法律效力。在案例法国家中，满足合同要求，包括合同所有附件的要求更重要一些。

大陆法系国家主要有法国、德国，还包括意大利、西班牙等欧洲大陆国家，也包括曾是法国、西班牙、荷兰、葡萄牙四国殖民地的国家和地区如阿尔及利亚、埃塞俄比亚等非洲以及中美洲的一些国家。哈萨克斯坦共和国法律体系属罗马—日耳曼法系(大陆法系)。

英美法系国家除英国(不包括苏格兰)、美国外，主要有历史上曾是英国殖民地、附属国的国家和地区，如印度、巴基斯坦、新加坡、缅甸、加拿大、澳大利亚、新西兰、马来西亚等。

旧中国属于大陆法系国家。新中国建立后，以苏联和东欧国家的法律为代表的社会主义法系渗透至各行各业，改革开放后向台湾地区和德日学习，同时也借鉴英美法系的一些做法，中国总体上属于大陆法系。中国台湾地区继承了旧中国的法律传统，属于大陆法系；中国香港地区全盘继承了英国的法律传统，属于英美法系；中国澳门地区继承了葡萄牙的法律传统，属于大陆法系。

一些国家如沙特阿拉伯等，适用伊斯兰教规，也有称作伊斯兰法系的，从 SABIC 项目看，工程合同模式基本采用英美法系模式，沙特阿拉伯国家本身很少有对工程项目的强制性法律法规。

根据 FIDIC 银皮书合同条件 5.4 条，如果在基准日期(FIDIC 合同条件中的时间用语，指递交投标书截至日前 28 天的日期)之后，如果当地技术标准和法律发生变更，承包商应通知雇主，当雇主确定需要遵守新版标准和法规时，引起的工程变更，可视为业主变更。另外，根据 FIDIC 银皮书合同条件 5.3 条，承包商应承诺其设计、承包商文件、实施和竣工的工程符合：a)工程所在国的法律，b)经过变更做出更改或修正的构成合同的各项文件。相比于橘皮书，在银皮书中取消了优先顺序，两者的重要性被视为一致。

FIDIC 合同条件具有浓厚的案例法色彩，本书 2.4 节将简单介绍 FIDIC 银皮书关于质量的有关条款。

1.3.2 项目质量要求特点

境外项目招标文件 ITB 包含全面的项目质量要求，包括工程成品的质量要求和项目质量管理要求。因循案例法国家合同组成惯例，哈萨克斯坦 KPI、SABIC 等总承包或者交钥匙工程，合同条款严谨和详细得多。境外一般采用合同附件的形式，明确各专业、各阶段针对本项目的技术规定(Specification)。

根据曾投标的多个 SABIC 项目的 ITB，质量篇的基本内容为：项目质量目标、质量计划、审核、检验试验、设计、采购、施工及预试车控制、质量人员、检验试验设备、焊接和无损检测、文件和交付、项目管理、分包商控制、持续改进等。哈萨克斯坦 KPI 项目合同附件中包括了几十个技术规定，内容涵盖各专业设计、采购、施工、开车、控制以及项目管理等。

同一业主的 ITB 文件会不断升版，某些年份有明显改变。作为承包商，每次投标都必须仔细研读，要在项目投标文件的质量部分承诺符合 ITB 要求，一般不能产生偏离。中标后，ITB 即成为合同文件的组成部分。

境内工程公司一般把采购和施工的检验试验归入采购部门和施工部门管理，境外项目一般要求采购和施工检验试验独立于采购施工部门，在功能上属于质量工作范畴。独立的检验和试验活动，可以客观、公正地对项目执行情况做出判断。

1.3.3 采购全球化和保护本国产业

设备材料的全球化采购是境外项目的显著特点。一般有一个全球范围的初始供应商(分包商)名单，再根据项目特点，业主要求和各方意见，对新增供应商进行资格预审或实际考察，同时删除不适用的供应商，最终确定项目供应商(分包商)名单，这份名单是全球化的。

为保护本国产业，项目所在国往往会对设备材料和劳动力采购有属地化要求。如 KPI 项目要求采购的物资要满足一定比例的所在国成分。在一些欠发达国家或地区，有时不能找到足够数量业绩良好的供应商、分包商等合适的资源，对于施工劳动力，所在国施工人员和国内人员还会存在文化习惯上的冲突。

1.3.4 质量管理人员能力特点

境外项目都会对质量管理人员的能力、数量、工作时间提出严格的要求。对项目质量经理的要求更高，一般要经过业主或其代表面试，报价时其人工时单价有时仅次于项目经理，并规定在项目实施过程中不能换人，如果换人要经过业主批准(经过重新面试)。

一般 ITB 中有一个附件专门规定对质量人员的要求，某项目 ITB 对项目质量经理以及采购、施工质量管理人员的要求如下：

工程的所有阶段，QA 经理：必须有 ISO 9001 或相应国际标准的培训证明或相似国际标准的培训证明，并有依据标准进行评判的经验。必须具有大学或同等学历和具有 10 年以上质量保证体系工作经验，其中至少有 5 年以上与本工程相同或类似工程项目中的相关质量管理体系工作的经验(如石油、天然气和石化项目，基础设施和通信)。必须全职在本项目工作。

采购 QC 经理：须有大学或同等学历，7 年以上检验经验；或高中学历，10 年检验经验，并且其中至少 3 年从事直接进行与本工程相关的供应商检验活动。熟悉 ISO 9001。

施工 QC 经理：必须具有大学或同等学历和 7 年以上检验工作经验，或者高中学历及 10 年以上检验工作经验。施工质量控制经理必须至少拥有 5 年以上直接从事工程范围内施工活动相关的管理经验。熟悉 ISO 9001。

施工 QC 工程师：须具有大学或同等学历和 7 年以上检验工作经验，或者高中学历及 10 年以上检验工作经验。施工质量控制工程师必须至少拥有 3 年以上直接从事本工程范围内施工活动相关的管理经验。了解 ISO 9001。

同时，项目质量经理和质量管理人员应该具有较高的沟通和协调能力。

1.4 境外炼化工程项目质量管理实践概述

根据一些境外炼化项目的实践经验，本节概述境外炼化工程项目质量管理的要点，本书第 3 章及以后各章，将比较详细叙述其过程和方法。

1.4.1 遵守当地法律法规

知法守法是最基本的。要成功获得和实施境外炼化工程，就必须了解和研究当地的法律法规，中国石化炼化工程目前在境外的业务横跨大陆、英美和伊斯兰三大法系。当地工程建设的法律法规或政府颁发的文件中，有关准入和审批的要求，如设计图纸的确认，施工许可，消防、卫生、安全审批，设备材料准入许可，人员许可等，都需要调查明确并严格遵守。

KPI项目中，某些设备材料进入哈萨克斯坦，要满足当地有关准入的标准要求，且当地政府审批文件要求用俄语。因此，承包商在编制的设备材料请购文件中必须明确当地准入要求，有关的供应商文件被要求英语和俄语双语，澄清时提醒供应商考虑费用和时间；用于施工(AFC)的设计文件，也需要经当地设计单位的审核，但此类文件的语言要求可以商榷。

一些建设地点在大陆法系国家的项目，会聘请强势的英美工程咨询或项目管理团队，工程合同与项目管理模式多采用英美法系模式，在这种情况下，既要发挥英美项目管理面面俱到的优势，又必须满足当地法律法规。

1.4.2 运用相关的技术标准

按照FIDIC合同条件的模式，国际工程的承包合同严谨地规定了采用的规范标准。技术标准是产品和服务的技术要求，在经济全球化的今天，各方的商业利益往往明显和隐含地和技术要求联系在一起，一些技术壁垒，准入门槛也和技术标准密不可分。熟悉和运用技术标准的能力是执行境外工程项目的关键。

(1)国际标准(International Standard)和国际上通用的标准

国际标准和国际上通用的标准主要包括设计、原材料、设备加工制造、施工和质量检验五个方面的规范标准，由国际标准化组织或国际上专业标准化组织定期出版和维护。如国际标准化组织International Organization for Standardization(ISO)、美国石油学会American Petroleum Institute(API)、美国机械工程师学会American Society of Mechanical Engineers(ASME)、美国国家标准学会American National Standard Institute(ANSI)、美国混凝土协会American Concrete Institute(ACI)、美国材料测试协会American Society for Testing and Materials(ASTM)、国际电工协会Institute of Electrical And Electronics Engineers(IEEE)、英国国家标准British Standard(BS)、欧洲标准European Standard(EN)、德国工业标准Deutsches Institut für Normung(DIN)，等。

(2)国家(地方)标准(National/Regional/Local Standard)

国家(地方)标准主要指工程所在国(地)的标准，一般注重环保、安全、劳工、准入等方面，所在国(地)标准需要在项目开始之前和过程中进行搜集，有的需要寻求当地工程服务机构帮助，这些标准一般使用所在国当地语言。

(3)企业标准

企业标准注重于本行业和本企业。沙特SABIC项目中，由于其国家没有显著的法律体系，企业标准更为详细，并且全面适用，这些企业标准都作为ITB附件全文提供，并在项目中执行。项目运行的整个过程须经历业主多次检查，检查的依据便是这些企业标准。

SABIC的企业标准包括各专业设计、设备采购管理和检验要求、施工和质量检验要求、供应商和分包商管理要求、项目管理如质量、HSE(HSSE)、IT、文件管理、交付要求等。

(4)技术标准的采用(转化)

国际技术标准通过严格专业化的翻译和转化，可以成为区域或国家的标准。按ISO/IEC导则21第一部分《采用国际标准作为区域或国家标准的指南》(Regional or national adoption of international standards and other international deliverables)，技术标准的采用(转化)有三种方式：等同采用、等效采用、非等效采用，详见“附件1术语和定义”中“Adoption Translation of

Standard”一条。

标准翻译是难题。根据目前国内工程技术人员掌握的外语状况，英文标准可以不需要翻译。对非英文标准，一些国家和标准化组织也可提供部分翻译成英语的正版标准，但一般不能满足一个大规模复杂工业装置建设的标准需要。目前的处理方式之一是，翻译公司或专业人员/非专业人员翻译技术标准，但不能视为采用原标准，只能作为参考。在标准的要求应用到工程文件之中以后，请当地或有关工程服务单位评审工程文件，以确定标准是否被准确地使用。

1.4.3 建立项目质量管理体系

承包商要根据有关要求，建立文件化的项目质量管理体系并有效运行：编制项目质量计划，准备有关质量的程序和计划性文件作为支持。境外项目中，ISO 9001 要求得到普遍认可，可以依靠承包商已建立的 ISO 9001 质量管理体系，如该体系经国际认可的权威机构提供认证则更为有利。项目的执行要争取尽可能使用承包商体系中的程序、作业规定和系统。项目执行团队处于熟悉的工作流程和作业系统中，更有利于工作协调和保证项目进度、质量。为此，适时和业主进行有效沟通，承诺并证明承包商质量管理体系的符合性、适用性、充分性、满足性、可信性。对被确定使用的承包商管理文件，要尽快准备可供业主审阅的英文版本。

对特别的要求，需要量身定制项目有关程序。境外项目注重项目控制，包括文件、材料、进度、费用控制等，质量管理和控制须与其保持协调。相对于 ISO 9001 质量管理体系标准对文件化的要求，一个复杂的炼化工程项目，需要更多的文件化程序。执行境外项目的 EPC 承包商一般需要编制一组项目管理文件，包括质量控制文件，这些文件一般须经过业主或业主代表审批。

可能时，可运用管理软件系统进行项目质量管理。

1.4.4 做好项目过程质量控制和配合项目管理

跟随设计、采购、施工过程，保证 EPC 过程受控从而保证成品质量，针对境外项目特点做好过程质量控制。

设计过程的质量保证尤为重要，SEG 几十年来培养了一支有经验的设计队伍，积累了丰富的工程经验，是设计质量保证可依赖的资源；面对采购全球化，采购过程控制和检验和试验需要依靠全球化资源，以保证设备材料质量；施工过程中如果使用当地劳动力，要加强培训和管理，在过程中合作和协调，保证工程进度和质量。

关注与质量有关的所有活动。根据某境外工程 ITB 要求，EPC 过程质量控制包括文件和记录控制、材料控制、资源管理、变更管理、标识和可追溯性、产品保存和防护、顾客财产管理、界面管理、质量审核和检查、检验和试验、分包商控制、项目管理评审、质量改进、顾客满意等过程。PDCA(P-Plan，D-Do，C-Check，A-Act)是过程控制的有效方法，适用于境外炼化工程项目。对重要过程，要出版和执行项目计划，实施检查并纠正，保持过程的动态合格。

境外工程一般有业主团队、业主聘请的项目管理承包商(PMC)或项目管理团队/联合项目管理团队(PMT/IMT/IPMT)等参与。项目管理的概念源自于境外项目，在工程咨询业相对成熟的条件下，业主通过整体外包项目管理服务或召集(聘请)专家组成项目管理团队来实施项目管理，以形成对 EPC 承包商或其他项目实施方的管理和制约，以便于业主通过多边合作、互相约束和共同促进的方法推进项目，保证项目目标的实现。在项目实施过程中，承包商要配合业主和项目管理团队的管理。作为 EPC 承包商，要配合项目管理团队的工作。

1.4.5 质量审核、检查、检验和试验

一些境外项目报价时，业主对承包商审核计划的审核次数和覆盖范围比较关注，往往会提出增加次数和扩大覆盖面的要求。SABIC 聚烯烃项目中，把质量审核点作为进度的里程碑放入进度计划，承包商的质量管理体系内部审核也要覆盖到境外项目，包括境外现场。

根据 FIDIC 合同通用条件，在工程进行的任何地点，整个实施或准备过程中，业主或业主代表有权利进行检查、审核、检验和试验。因此，项目运行中可能面对多次外部的质量检查，尽管业主审核和检查不减轻承包商的责任，但某种意义上，会分担项目质量风险。在采购设备材料的制造或装置的施工过程中，境外项目一般需要出版相应的检验试验计划（ITP），规定质量控制点、责任人和检验、验收标准，经批准后，实施控制。

审核、检查、检验、试验活动实施后，要出版报告，输出发现项和不符合/不合格报告，纠正、纠正措施或预防措施必须实施并得到验证，以保证项目可控运行并持续改进。

1.4.6 沟通和协调

一般一个完整的项目须经过几年的运行周期，良好和充分的交流和合作对顺利开展项目工作包括质量工作，保证过程顺利实施，产品实现，可以起到无形胜有形的作用。

尊重和礼貌是必须而重要的。各种文化背景有其敏感领域，如果没有充分把握，则避免敏感领域比较明智。寻找共同爱好，可以谈谈艺术、体育等等，可以在节日、生日送些小礼品。欧美人一般喜欢直接明确表达意见。在项目中讨论技术和工作问题，直奔主题、明确观点是最简单的方式。如果需要外出、休假而缺席某项工作时，必须提早沟通，告知离开的时间段。

尽管同处一个项目，但业主、承包商的法律地位是不同的。作为一个专业的质量管理人员，对内、对外都要做好协调工作。特别是业主发现并指出问题时，对内要弄清问题的来龙去脉，帮助分析和改正；对外要和业主或业主项目管理人员保持良好交流。要努力寻找最简单的、投入最小的纠正或纠正措施，或能证明承包商没有做错。能够避免损失（损失时间、费用人力等）的处理方式，对各方都有利也是各方都期待的。对隔阂、误解、冲突的发生，在不涉及原则利益的情况下，大部分情况需要用妥协和包容来化解。

判断非常重要，质量管理人员要广泛接触各种知识，熟悉当地和项目情况，紧跟工程进程，参加各种会议，保持项目内部保持交流和沟通，判断关键点并做出最有利的处理和应对。

1.5 提升境外炼化工程质量管理水平的几种途径

持续稳定地生产符合要求的产品是产品质量管理的目的。质量管理的概念有着深远和宽广的范畴，它融合于所处环境的历史和文化氛围，离不开社会的政治经济背景，蕴含着相关方的价值和道德取向，依赖于组织的整体管理，伴随着产品形成的全过程。境外炼化工程项

目是一项特定的复杂的产品，相对于定型产品的生产，工程产品形成过程富于创造性，包含大量手工的、乃至艺术性的劳动。所以，环境的文化理念、技术的进步、工程公司的成长、项目管理的进步、人员的能力和经验等等，都对其水平的提升起到举足轻重的作用。反之，质量管理水平的提升，是顾客的需要，是质量管理本身的需要，是企业发展的需要，也是经济和社会前进的需要。

针对境外炼化工程的特点和管理实践，可以探寻提高工程质量管理水平的途径，其中，承包商整体综合能力的提高更重要，具备了坚实的基础，项目执行的进步也将顺理成章。

1.5.1 营造良好的质量文化

（1）良好的质量文化是企业文化的体现

每一滴油都是承诺，每一个工程都是承诺。质量是管理的结果，质量是科技的展现，质量是文化的反映，质量是道德的标志。

2010年中国石化在质量工作会议上，发布了“质量永远领先一步”的质量方针和“质优量足、客户满意”的质量目标，赋予“每一滴油都是承诺”的社会责任口号更广泛的意义。这里讲的“每一滴油”，不是狭义上的“油”，它既包括经中国石化销售的油品，也包括提供的其他所有的产品和服务。这里讲的“承诺”，承诺的不仅仅是质量，也包括数量、安全、环保等各个方面，都要做到言出必行、一诺千金。

（2）良好的质量文化是质量管理工作的指导思想

树立预防为主的思想，建立“第一次把事情做对，每一次把事情做好”的文化理念。质量的至高境界是预防。

工程建设是一个复杂的一次性过程，境外工程建设更具有多样性和多变性，其质量管理是所有领域质量管理中最难的工作之一。质量管理的目的，是要设立一套系统以及管理方法，在公司运作当中起到预防缺陷的作用。必须对将来可能导致问题发生的情况采取行动，现在采取行动，将来才会有效果。

建立适当的奖惩制度和积极的文化氛围，相比于制度，文化往往更深刻而影响深远。一方面要对阶段性质量和最终质量进行奖惩，另一方面，对影响和形成质量的先期行为进行舆论引导和制度约束。要鼓励把问题解决在事前，重视预防，奖励“无火可救”。

（3）良好的质量文化是建立诚信的质量环境

体系管理的思想和方法，源自西方的法制环境，对诚信的依赖度非常高。诚信就是说到做到、承诺并做到符合要求，证明符合要求。承诺相对于要约，是合同用语。作为国际型工程公司，在投标时，在项目策划时，在和顾客的交流和沟通时，承诺提供满意的工程和服务，这也是最基本的目标。

项目的结果是可预言的（Predictable project outcomes），承诺了结果实际上是承诺了过程，承诺了对过程的控制。只有过程得到充分控制，才有把握提供符合要求的结果，为此，要分解、识别过程，输入资源，建立体系，进行监控，避免和纠正偏差，从而保证结果。

对在合同、ITB、项目文件等条款中明确规定的项目必须执行的标准和程序，要付诸执行。标准和程序之所以是标准和程序，其承载了以往许多工作的经验甚至是教训，包含总结和升华了的统计数据和信息。对于境外项目，不确定因素相对较多，所以，对既定的合同、标准、程序，计划等都必须严格执行，灵活贯通的智慧在此并不适用。

承包商可能非常幸运，过程是否做到位，不一定在结果上明显看得出来；但反过来如果结果没有到位，追溯到过程，作为承包商如果能够提供经得起考验的过程证明，对原因的分析和责任的认定可能是举足轻重的。严格执行合同、标准、程序，这是避免风险的最基本原则，是和各方保持良好沟通的基础。

建立诚信的环境，才能控制过程，需要项目实现过程中每一个和产品相关的人，在每一个环节都能按照诚信的原则做到符合要求。质量控制人员采取的手段，包括检验（inspection）、试验（test）、验证（verification）、确认（validation）、鉴定（qualification）、检查（review）、审核（audit）、测量（measurement）等等，是在每一个环节判断承诺是否做到。

文件和记录是项目执行的依据和证据。过程开始前需要策划以保证；过程实现时，需要证据以证明；过程完成后，需要分析以改进。一些专家研究了很多方法，包括计划、检验、抽样、统计、分析等，来处理质量管理过程产生的记录和数据，随着IT技术的发展，也开发了很多管理和分析软件，很多方法和应用工具在特定领域和时间内行之有效。随着思想和技术的发展，很多方法可以做到符合要求和证明符合要求。要保证文件和记录的及时性和真实性。

（4）良好的质量文化是东西方文化的灵活贯通

质量管理是在具体时间和文化状态背景下的工作。体系管理的方法移植到中国后，产生的东西方文化冲突难以避免。

西方文化一般以制定和实施法律（规定）为准则，而中国文化更善于从物和人的根本上探讨，寻求其内在的联系。有时处理问题时机和方式不是唯一的，对错也不是绝对的。标准是通用的，组织（项目）是不一样的，时间是不一样的，人是不一样的，任务是不一样的，有的看来形似，其实神不似。好的管理需要在整合的基础上量身定制，嵌入过程，融会贯通和不断调整，像好的骑手骑马，在不跑偏路线的前提下，让马自由快乐地发挥出最大能力，跑出最漂亮的成绩。

世界是整体、运动、变化和发展的，不是孤立、片面和静止的，通过东西方文化的不断交流和碰撞，质量管理的思想和实践将继续向前发展。

1.5.2 坚持质量管理原则

坚持质量管理原则和贯彻质量管理体系对于境内外项目是同样的要求。境外项目质量管理的核心和境内项目没有本质区别。GB/T 19000—2008（ISO 9000：2005）《质量管理体系基础和术语》（Quality management systems—Fundamentals and vocabulary）中，明确了八项质量管理基本原则及其重要性：

成功地领导和运作一个组织，需要采用一种系统和透明的方式进行管理。针对所有相关方的需求，实施并保持持续改进其业绩的管理体系，可使组织获得成功。质量管理是组织各项管理的内容之一。八项质量管理原则已经成为改进组织业绩的框架，其目的在于帮助组织达到持续成功。

（1）以顾客为关注焦点（Customer focus）

组织依存于其顾客。因此组织应理解顾客当前和未来的需求，满足顾客要求并争取超越顾客期望。

（2）领导作用（Leadership）

领导者确立本组织统一的宗旨和方向。他们应该创造并保持使员工能充分参与实现组织目标的内部环境。

(3) 全员参与(Involvement of people)

各级人员是组织之本，只有他们的充分参与，才能使他们的才干为组织获益。

(4) 过程方法(Process approach)

将相关的活动和资源作为过程进行管理，可以更高效地得到期望的结果。

(5) 管理的系统方法(System approach to management)

识别、理解和管理作为体系的相互关联的过程，有助于组织实现其目标的效率和有效性。

(6) 持续改进(Continual improvement)

组织总体业绩的持续改进应是组织的一个永恒的目标。

(7) 基于事实的决策方法(Factual approach to decision making)

有效决策是建立在数据和信息分析基础上。

(8) 互利的供方关系(Mutually beneficial supplier relationships)

组织与其供方是相互依存的，互利的关系可增强双方创造价值的能力。

1.5.3 加快创建国际型工程公司的步伐

当前，境内工程公司的涉外业务，逐渐由承接境内的中外合资或外资工程，过渡到走出国门，独立承接境外工程，而大部分工程公司的管理体系，包括项目、财务、质量和安全管理体系等，离一个成熟的国际型工程公司的模式尚有差距。作为境外工程的 EPC 承包商，要加大创建国际型工程公司的步伐，让管理模式和机构满足国际型项目运作的需要，从而可以得心应手地承接和常规运作更多的国际型项目。

根据中国勘察设计协会、中国工程咨询协会《创建国际型项目管理公司和工程公司实用指南》一书，国际型工程公司的特点如下：

① 具有项目咨询、可行性研究、工程设计、采购、施工或施工管理、开车服务(试运行)、培训、售后服务等工程项目总承包能力；

② 具有与工程公司能力相适应的组织机构和科学管理体系；

③ 具有先进的工艺技术和工程技术；具有获得专利技术并工程化的能力；

④ 拥有一支数量相当、层次合理、各专业配套的技术人员和复合型管理人才的高素质队伍；

⑤ 拥有先进的计算机系统，信息档案系统和现代化通讯办公设施，具有完备的工程数据库、标准库及软件系统。实现营销、设计、采购、施工一体化科学管理和程序化运作；

⑥ 建立适应境外工程运作的标准化体系，包括本企业标准、行业标准、国家标准、国际通用标准和规范；

⑦ 建立符合国际标准的质量管理体系和 HSE(HSSE)管理体系；

⑧ 具有健全的营销机制，形成辐射全球范围的营销网络，建立准确、及时、高效的营销决策机制；

⑨ 具有完善的服务体系，包括建设项目全周期的服务和售后服务；

⑩ 具有较强的融资能力；

⑪ 全体职工具有良好的思想、技术、身体、心理素质和高尚的职业道德。

根据以上特点，境内工程公司在加强质量管理方面应做进一步提升：

(1) 追求有效的领导力和执行力

有效的领导力，来自于基于事实的决策方法，这是八项质量管理原则的第七项。基于事实，需要获得信息和样本，对其充分了解和可靠分析；决策是权衡利弊得失，慎重比选方案，决定组织的方针、行动方向和行动方法等。有效的领导力和有利的决策对实现组织的目标和提高管理体系的绩效起着关键性的作用。同时，领导力的作用是让一个群体为了一个共同的目标努力，是尊重和信任，而非畏惧和顺从，有效的领导力能够发挥各个层面的积极性和能力。当组织领导力有效发挥，能够创造并保持使员工能充分参与实现组织目标的环境，执行力必将随之提升，质量管理的晴天便会如期到来。领导作用也是八项质量管理原则的第二项，八项管理原则中有两项关于领导和决策，可见其在质量管理中的重要程度。

强化领导力和执行力，要避免机械简单的管理方式。机械简单的管理方式，容易引起操作层面的反感和抵制，结果是事倍功半，形成“两张皮”现象，产品质量也由于生产者的情绪不佳而得不到有效保证。在满足要求的前提下，管理体系和操作方法的设计应考虑执行层面的方便，尽量采用简单的路线，友好的界面；领导的意图，执行的过程大部分需要靠文件来体现，质量管理过程也产生繁复的文件和记录，但文件和记录不必在形式上千篇一律，随着信息技术的进步，很多方法可以记录和证明符合性。

领导力和执行力，可能体现在上令下行，没有不同的声音，可能体现在具有完美的程序、表格和记录；有效的领导力和执行力，更应该体现在一个企业的活力、氛围和良好发展，体现在产品和服务质量的持续稳定，体现在生产和经营的持续改进。

（2）强化工程公司技术创新和基础工作

不断提升工程公司技术创新能力，在国际竞争中取得技术优势，保证足够的资源投入，提升工程公司的软硬件实力，为质量管理打下坚实的基础。

开发专利和专有技术，全力推动以技术许可为导向的 EPC 工程总承包。根据市场开发和占领高端市场的需要，适时收购境外专利公司、技术公司或工程公司，成立本土化的合资公司，来达到拥有专利技术、先进的项目管理经验、国际化人才、更好的占领国际市场和提高境外知名度。

加强标准化工作，使工程公司的基础工作逐步国际化，文件和语言环境逐步国际化。深入研究国际知名石油石化公司的管理经验，并结合中国石化自身的标准，建立中国石化境外炼化工程项目管理、QHSE(HSSE)、采购与物流管理体系及相应的管理标准、手册和程序文件；搭建项目管理平台，建立系统数据库，加大技术软件的开发和应用，提升项目管理水平。

实现工程建设的标准化设计、标准化采购、工厂化预制、模块化施工，增强设计和施工能力，提高工作效率和质量水平。建立样板施工的工作标准和流程，加强分包管理工作，提升分包工程质量。提高施工作业工序质量。针对生产环节复杂、过程影响因素多，多数工序质量具有很强的隐蔽性和不可弥补性，客观上要求必须一次成功的特点，积极推行“零缺陷”管理，由被动的质量问题追究向主动的质量问题预防转变，提高一次合格率、一次成功率，使过程质量损失得到有效降低。

以工程质量检查、专项质量监察为手段，全面推进工程建设的“一流战略”，努力改善质量管理工作环境，全面提高人员的质量意识，推动工程质量管理水平迅速提高，形成有效的工程质量监管体系。

此外，对国际型工程公司，境外公共安全管理能力和跨文化交流能力也非常重要。

（3）注重管理的协调和相容

对境外项目，协调和相容的内容更广泛。

从 ISO 9001：2000 标准开始，特别是 ISO 9001：2008 标准出版时，ISO 尤其强调标准的相容性。在管理体系标准中，相容性意味着标准的共同要素能够以共享的方式实施，而不会在整体或部分上形成重复或冲突的要求。很多管理体系标准是以 ISO 9001：2000 为基础制定的，并使用了其结构和文本。

标准的协调和相容，是为了过程的协调和相容，这种协调和相容包括质量管理内部的协调和相容，也包括质量管理与项目其他过程的相容，这些过程包括战略规划、产品研发、市场运营、产品实现、内部审计、变更管理、法律事物、人力资源、物流、风险管理、安全生产、环境保护等。

项目管理中，质量、HSE（HSSE）、合同、进度、费用等控制的综合平衡，是管理协调和相容的体现。

（4）实施国际化人才战略

全员参与是八项质量管理原则的第三项。ISO 9001：2008 条款 6.2.1 对人力资源要求的总则为："基于适当的教育、培训、技能和经验，从事影响产品要求符合性工作的人员应该是能够胜任的"，同时有注解："在质量管理体系中承担任何任务的人员都可能直接或间接地影响产品要求符合性"。本条款看似原则性的叙述，实际上界定了一个范围宽泛，需要足够能力的人员要求。从事影响产品要求符合性工作的人员包括了直接和间接生产人员、管理人员、分包商人员、外聘服务提供人员，等等。对能力（competence）的要求也是严格的，"教育、培训、技能和经验"涵盖了很多内容，关键是"能够胜任"。

从我国的教育体制和一般的工程公司人员培养模式看，在境外项目中"能够胜任"的工程师基本（某些专业勉强）可以满足，但还有一些人才数量或能力还有差距，需要进一步培养或发现，而这些人才都是从事影响产品要求符合性工作的人员，如：

① 将领型的领军人才；

② 复合型的管理人员；

③ 学者型的基础和技术支持人员；

④ 熟悉国际物流的专家；

⑤ 有当地经验的施工技术人员；

⑥ 能够通过国际认证的技术工人；

⑦ 精通国际法律事务的行家；

⑧ 面对不同文化、地域、和政治经济背景进行良好交流的人员；

⑨ 金融和财务专家；

⑩ 后勤保障和统筹人员；

⑪ 能够为项目提供 IT 技术支持的人才等。

基于目前的状况，在人才发展方面，要提高现有人员的业务素质，在关键技术、管理岗位上边工作边锻炼；适当考虑人才国际化、属地化引进，从项目所在国直接雇用一般性管理人员，拓宽人力资源的利用渠道；建立有效的激励约束机制，建立良好的企业文化。

十年树木，百年树人，对一个以设计为主导的、从事境外工程的国际化工程公司，人力资源是最宝贵的资源。加强境外项目人力资源的配置是成功执行境外项目的重要内容。

1.5.4 树立质量管理的权威性

树立项目质量管理团队的权威性，对成功实施境外项目十分重要，但这能会是一个渐进的过程，无论是对逐步拓展境外项目的炼化工程承包商，还是这些承包商的质量管理团队。

(1) 质量管理团队要承担明确的责任和建立有力的权威

某境外项目的 ITB 中对质量管理团队的要求进一步明确：承包商必须提供全职的质量保证经理以及相应的项目质量保证团队，有如下责任和权威：

① 确保过程需要的质量管理系统建立、贯彻和维护，确保关注度、执行力、能力达到质量标准的工作要求；

② 向承包商质量管理体系的最高层或承包商公司项目管理机构报告，能把业主和项目质量要求转递到承包商公司组织机构以便获得改进的支持；

③ 项目质量经理和质量管理机构独立于项目执行机构，但必须处以一个相当的层面，能够保证直接有效地行使对执行团队的管理责任。

(2) 质量管理团队要具备过硬的能力

要树立质量管理权威性，首先质量管理团队要具备过硬的能力，包括专业能力、管理能力、责任心和品德。质量管理的权威性至少体现在以下四个方面：

① 质量程序是可执行和必须要执行的；

② 检验(inspection)、试验(test)、验证(verification)、确认(validation)、鉴定(qualification)、检查(review)、审核(audit)、测量(measurement)的结果是可信的和权威的；

③ 在发现的不符合时，有能力要求执行团队整改，并再验证，在再验证通过前，有不受任何干扰坚持不放行的能力；

④ 对项目人员具有独立的考核和评判能力。

1.5.5 通过推介中国标准带动中国技术、产品、服务的输出

放眼更长远的战略和布局，以《中国石化炼化工程建设标准》(SINOPEC Design and Engineering Practice，简称 SDEP)为基础和起点，在境外市场开发中全力推介中国石化工程标准，争取更多的中国成分和中国标准的应用。同时，开展境外目标市场工程建设标准研究并推动研究成果共享，降低技术标准风险。在工程技术研发方面，要突出重点，有的放矢，加强工程技术标准化以及工程技术研发。

通过推介中国标准可以带动中国技术/产品/服务的输出，进而拉动境内制造业和服务业的国际化扩展和高端发展。从保证工程项目质量的角度，中国工程公司采用中国标准进行工程建设更加得心应手。

1.5.6 控制质量成本和质量风险

建立质量成本概念，努力降低境外项目相对较高的运营成本。菲利普·克劳士比《质量无泪》(Quality without tears: The art of hassle-free management)中阐述，运营成本来自于税负、持续上涨的劳动力成本和材料的成本，以及政治经济的可变因素，质量可能是企业和项目自主控制利润的唯一机会。

FIDIC 银皮书对于合同价格的叙述是这样的：承包商应被认为已确信合同价格的正确性和充分性。除非合同另有规定，合同价格包括承包商根据合同所承担的全部义务(包括根据

暂列金额所承担的义务，如果有），以及为正确设计、实施和完成工程、并修补任何缺陷所需的全部有关事项。

不“符合要求”是有代价的。废料、返工、多次售后服务、检查测试以及其他类型的活动，需要花费时间、人力、金钱成本。《质量无泪》中叙述，上世纪 80 年代的美国，制造业把 20%的运营成本，服务业把 35%的运营成本花费在做错事又重新再做上面。

对一个设计为主导的工程公司，一个设计为灵魂的工程项目，设计的质量尤为重要。只有从源头开始把设计做好，才能保证制造、施工用的设备材料经济地符合要求，保证制造和施工不产生浪费和返工，保证不需要在文件发出之后进行反复澄清，保证在制造和施工时不需要在现场为解决问题而消耗大量人工时。

任何简陋都会为之付出昂贵的代价：如果没有做好请购文件，就会花费大量的时间和供应商澄清；如果没做好详细设计，就会产生一再而三的现场服务；如果没有精心做好管理工作，就会造成很多执行人员的劳动浪费，而且这些弥补性、群众性的工作，花费了成倍的人工时，其结果远没有“第一次把事情做对”理想。

“第一次把事情做对，每一次把事情做好”，这不是对人的苛刻要求，而是企业和所有雇员的生存之道。质量管理状态一旦进入过程的良性循环，其成功将会创造源源不断的价值，而一旦进入过程的恶性循环，其失误将会带来长久不能弥补的缺憾。

依托上下游和公共资源，在多项目聚集的重点地区建立境外公共服务基地或仓储物流基地，减少项目现场的预制量；按照“市场化运行、本土化运作”的原则，为降低公共安全风险和回馈当地社会等因素，大力培育境内境外资信好的分包队伍，通过境内、境外联动，与境内外分包商建立长期的互信、长效的合作机制。项目运营成本的降低同时也会大大降低质量成本。

对于质量成本的控制，ISO 出版了一些标准作为应用指导。GB/T 19004—2011（ISO 9004：2009）《组织持续成功管理——一种质量管理方法》（Managing for the sustained success of an organization——A Quality management approach）现在正在为组织寻找“经济上”可持续性的方法。这意味着组织应建立一个适当的管理体系，去保证组织的各方面活动都受到管控，以确保组织能持续健康地并且能为其所有者创造利益地运营。GB/T 19024—2008（ISO 10014：2006）《质量管理　实现财务与经济效益的指南》（Quality management——Guidelines for realizing financial and economic benefits）为组织如何通过 ISO 9000 基本原则来识别和获取财务和经济利益提供实例。

充分认识质量风险对质量成本和项目结果的影响，某些风险一旦产生，会产生很大的质量成本，某些影响即使追加费用也难以弥补。境外项目的不确定因素更多，风险管理尤为重要。项目风险管理包括风险管理规划、风险识别、风险分析、风险应对和风险监控等相关过程。详见“2. 5 质量风险管理一般介绍”。

1. 5. 7　寻求和实现改进

质量管理人员不断检查、审核，以期发现质量问题或潜在的质量问题，但目的不是问题本身，更重要的是为了改进和预防。当一个质量问题的产生，表面看来原因来自于产生问题的最直接的环节，但很多情况下，追溯下去会发现问题盘根错节，真正的原因可能在其他地方，看到标易，找到本难，标本兼治更难。

一个优秀的质量管理人员，可以敏锐地发现改进的可能性，在困境中寻找建立改进的思路，紧跟着恰如其分地掌握时机，有效分析和利用组织内部人力和资源，依靠各方力量，使改进成为可能。在推行全面质量管理过程中被广泛使用的QC成果报告，也是一种使改进成为可能的有效方法。

持续改进是八项质量管理原则的第六项。改进以提高符合率和效率为目的。改进必然降低成本，提高效率，在使顾客满意的时候，提升员工的信心。

1.5.8 追求境外顾客满意

严格按照法律法规与合同执行，使顾客满意已成为全球认同的经营理念，而质量是广义的经营。在承包商内部，质量管理的至高境界是预防；面向顾客，质量管理的至高境界是提供合格产品和服务，满足顾客期望，使顾客满意，提供优良的产品和服务，追求超越顾客的期望，使顾客忠诚。追求境外顾客满意，使其能放心地依靠中国的工程公司去实现项目，从而在本质上赢得国际市场。

追求境外顾客满意，同时也要提高处理投诉和质量事件的能力。境外项目不同于境内项目，更不同于中国石化投资的集团内部项目，一旦发生投诉或质量事件，处理的技巧是对质量管理能力的考验。一些业主聘请的项目管理公司或团队一般都来自欧美，由于欧美发达国家掌握着法律规则、标准文本、法律语言等巨大优势，相比而言，中国的工程公司在一定程度上存在对法律条款和国际惯例理解上的不确定性因素。

ISO正在通过良好的标准化服务来协调顾客满意，以下标准为组织及其顾客提供了可信任的一致性处理投诉的方法，帮助企业在投诉处理过程中提高顾客满意度，为企业保持或提高顾客忠诚和认可提供机会：

GB/T 19001—2008（ISO 9001：2008）《质量管理体系-要求》（Quality management system-Requirements）要求组织确定监视、测量和利用顾客满意信息的方法；

GB/T 19010—2009（ISO 10001：2007）《质量管理 顾客满意 组织行为规范指南》（Quality management——Customer satisfaction——Guidelines for codes of conduct for organizations）为组织和企业提供了行动指南；

GB/T 19012—2008（ISO 10002：2004）《质量管理 顾客满意 组织投诉处理指南》（Quality management——Customer satisfaction——Guidelines for complaints handling in organizations）；

GB/T 19013—2008（ISO 10003：2007）《质量管理 顾客满意 外部顾客争议解决指南》（Quality management—Customer satisfaction—Guidelines for dispute resolution external to organizations）；

GB/Z 27907—2011（ISO/TS 10004：2010）《监视和测量顾客满意指南》（Quality management——Customer satisfaction——Guidelines for monitoring and measuring）为组织及其顾客提供了可信任的一致性处理投诉的方法，帮助企业在投诉处理过程中提高顾客满意度，为企业保持或提高顾客忠诚和认可提供机会。

第 2 章　项目和质量管理基础知识

2.1　术语和定义

境外项目执行中，来往文件、工作交流通常采用一些国际通用的表述，包括术语、定义以及这些表述的缩写。本书在 GB/T 19000—2008（ISO 9000：2005）《质量管理体系 基础和术语》（Quality management systems——Fundamentals and vocabulary）的基础上，补充了一些炼化工程常用的术语和定义。见“附件 1 术语和定义”。

2.2　工程项目管理概述

工程总承包是通过设计、采购、施工、竣工试验、工程接收和竣工后试验等“实施阶段全过程或若干实施阶段”，以按期实现“项目功能”（对生产/使用、规模、标准、物耗、能耗、和环境要求）为最终目标，并获得盈利的高端项目承包方式。

区别于项目管理承包公司的项目管理，承包商承包项目的实施过程，也是内在项目管理的全过程。项目质量管理是项目管理的一个有机组成部分，熟悉和运用项目管理的知识，是每个质量管理人员应该学习的基础课程。

2.2.1　一般境外工程项目的运行阶段和定义

尽管工程所处地域不同，但项目的运行阶段和模式基本相似。参照某国际项目的运行模式，项目执行阶段划分一般可定义为可行性研究和概念、系统定义、详细化和制造、组装和建造、系统完成 5 个阶段；按照工程公司常规的过程划分，可对应定义为可行性研究、基础设计、详细设计和采购、施工、完工 5 个工作阶段。如图 2-1 所示。

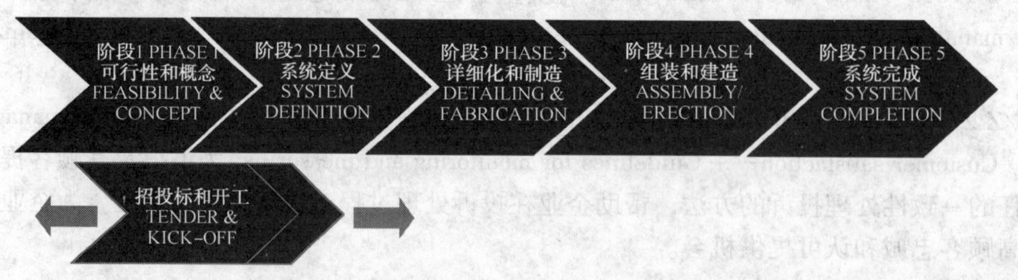

图 2-1　典型的工程项目全过程示意图

按一般项目管理模式，这5个工作阶段也可被划分为两个大的阶段，即定义阶段（见图2-1中的阶段1和阶段2，又称FEL阶段或FEED阶段）和实施阶段（见图2-1中的阶段3、阶段4、阶段5，又称执行阶段，包括EPC阶段、开车及项目关闭阶段）。定义阶段主要是详细设计开始之前的阶段，该阶段包含了详细设计开始前所有的工程活动，工作量虽然仅占全部工程设计工作量的20%~25%，但该阶段对整个项目投资的影响却高达70%~90%，对整个项目十分重要。实施阶段是EPC承包商进入项目开始详细设计、采购、施工的阶段。一般在定义和实施阶段之间业主会最终做出投资决策以确定该项目是否继续进行。

2.2.2 项目管理知识体系PMBoK

美国项目管理学会PMI（Project Management Institute）早在70年代末就率先提出了项目管理的知识体系（Project Management Body of Knowledge，缩写为PMBoK）。该知识体系构成PMP（Project Management Professional 指项目管理专业人士资格认证）考试的基础。项目管理9大知识体系为：

（1）项目综合管理

包括7个基本的子过程：制订项目章程；制定项目初步范围说明书；制定项目管理计划；指导与管理项目执行；监控项目工作；实施整体变更控制；结束项目或阶段。

（2）项目范围管理

分成5个阶段：启动；范围计划；范围界定；范围核实；范围变更控制。

（3）项目时间管理

由6项任务组成：活动定义；活动排序；活动资源估算；活动时间估计；项目进度编制；项目进度控制。

（4）项目成本管理

包括3个过程：成本估计；成本预算；成本控制。

（5）项目质量管理

主要包括3个过程：质量规划；质量控制；质量保证。

（6）项目人力资源管理

包括4个过程：人力资源规划；团队组建；团队建设；项目团队管理。

（7）项目风险管理

为6个主要过程：风险管理计划；风险识别；定性风险估计；定量风险估计；风险应对计划；风险控制。

（8）项目沟通管理包

包括一些基本的过程：编制沟通计划；信息传递；绩效报告；利害关系管理。

（9）项目采购管理

主要包括：编制采购计划；编制询价计划；询价；选择供应商；合同管理；合同收尾。

2.2.3 PMC管理

境外炼化工程的业主，尤其是中东、中亚的业主，限于自身工程建设专业水平和项目管理能力的相对薄弱，一般会聘请欧美大型工程公司作为项目的PMC承包商进行项目管理。例如，SABIC聚烯烃项目、乌兹别克斯坦SHURTAN气体化学联合装置项目分别聘请了美国FOSTER WHEELER、LUMMUS公司担任PMC承包商。

中国工程公司目前在境外承担的炼化工程建设项目，大多承担的是EPC总承包合同，在项目运作中受代表业主的PMC承包商领导。因此作为境外炼化项目的质量管理人员，必须对PMC项目管理的基本知识有一定的了解。

PMC项目管理是一个系统的体系，知识范围十分广泛，这里仅对PMC的基本概念做一个简介。

(1) PMC概念

大型工程建设项目实施是一个复杂的系统工程，有其内在的客观规律，需要采用与之相适应的管理模式。PMC作为一种工程项目管理模式，通过不断发展完善，已经成为深受业主欢迎特别适用于大型工程建设项目管理的模式之一。

PMC是指在项目可行性研究完成以后，业主选择技术力量较强，有丰富工程管理经验的工程公司或咨询公司对项目进行全面和全过程的项目管理承包，业主方面仅需要保留很小部分的管理力量对项目实施过程中的一些关键问题进行决策。

PMC承包商被定义为一个对项目的设计、采购、施工及试车负全面管理责任的组织，必须具有完成项目所需的各方面的综合管理能力。责任包括管理其他承包商，同时也包括对其自身的管理。PMC承包商作为业主的代表或延伸，帮助业主在项目前期策划、项目定义、项目计划、项目融资、以及设计、采购、施工、试运行等整个过程中实施有效的工程质量、进度和费用控制，保证项目的成功实施，达到项目生命周期技术和经济指标的最优化。

(2) PMC产生背景

在20世纪70年代以前，大型工程的项目管理基本上是由业主执行的。业主进行项目的前期工作，从市场、资源和资金方面完成对项目的定位，然后自行或委托工程公司进行设计工作，设计完成后对工程建设、物资投资等进行招标，选定承包商后由业主对整个项目进行管理和竣工验收工作。许多大型公司也都设有工程公司，负责其公司项目的开发及工程的管理工作。

80年代以来，以石化工业为代表的能源产业发展逐步从趋于饱和的欧美市场转移至亚太、中东和南美地区。由于欧美地区新建的大型项目越来越少，各大工程公司对其工程部门的资源进行了调整，关闭和出售了部分工程部门，使得这些大公司管理大型工程的能力日渐减弱。于此同时，专业化工程公司发展迅速，通过收购兼并出现了多家大型跨国工程公司，业务范围从咨询、工艺研究、专利使用许可、项目研究，到项目管理、融资、设计-采购-施工承包和运行管理等，特别是中东大型石化项目的建设，由于业主的专业水平及管理能力相对较弱，为工程公司发展其项目管理承包业务提供了机遇，通过这些项目的实践，总结开发出了一整套管理体系和管理程序。目前PMC模式已广泛应用到亚太和南美地区，欧美的一些大型项目也开始聘用PMC承包商进行项目管理。国际上开展PMC业务的公司大部分是大型跨国工程公司。

(3) PMC分类

PMC是一种项目管理和承包模式，PMC承包商代表业主对设计—采购—施工承包商进行管理监督，根据工作范围，一般可分为以下三种类型：

——PMC承包商代表业主管理项目，同时还承担一些界外及公用设施的EPC工作。

——PMC承包商作为业主管理队伍的延伸，管理EPC承包商而不承担任何EPC工作。

——PMC承包商作为业主顾问，对项目进行监督、检查，并将未完成的工作及时向业主汇报。

(4) PMC 的职能管理

PMC 的职能管理主要有以下内容：

PMC 项目进度管理、PMC 项目费用管理、PMC 项目质量管理、PMC 项目合同管理、PMC 项目招投标管理、PMC 项目风险管理、PMC 项目设计管理、PMC 项目物质采购管理、PMC 项目人力资源管理、PMC 项目信息管理、PMC 项目 HSE 管理、PMC 项目融资管理，其中，PMC 质量管理主要有以下工作内容：

工程建设质量的影响因素很多，工程产品质量的好坏将直接影响到其使用性，因此工程建设项目质量管理是 PMC 的一项主要任务。PMC 模式中 PMC 承包商的工程建设项目质量管理，是指为保证工程产品质量而指导和控制项目组织对与工程建设项目质量管理有关的问题进行相互协调的活动。

工程建设项目质量管理体系是指针对设定的目标，建立一个由相互关联的过程组成的体系，这有助于提高管理的有效性。“质量”贯穿于整个项目过程的始终，所以，建立一个工程建设项目质量管理体系是进行质量管理的有效方法。

2.2.4 PMT、IMT 与 IPMT 管理

按照业主和项目情况的不同，有些大型炼化项目也会由业主单独成立项目管理团队(Project Management Team，简称 PMT)、业主和 PMC 承包商或其他形式的项目管理队伍共同组建联合管理团队(Integrated Management Team，简称 IMT)或一体化项目管理团队 Integrated Project Management Team，简称 IPMT)，负责对整个项目的工程建设进行管理。

以上三种形式的项目管理和 PMC 承担的工作没有显著的不同。业主如果选择 PMC，需要和工程咨询机构或项目管理承包商签定合同，属于项目管理服务整体外包，通过合同确定管理内容和范围；业主如果选择以上三种形式，则需要组成一个队伍，一般没有整体 PMC 合同关系或有部分外包和人员聘请，工作内容和范围根据项目需要相对灵活，有利于调整。

工程服务和咨询是一种灵活的、没有一定输出产品形式智力活动，可以作为产品购买，也可以是需要实施管理的一方自行组织或聘请部分有经验的专业人员共同实施，业主根据拥有的资源和习惯选择适合的管理方式。除了这些形式，项目管理可以灵活组合成其他形式。

采取何种项目管理形式的利弊难以一概而论。EPC 承包商无论面对怎样的项目管理形式，都需要配合管理，良好的互动有利于项目顺利实施。

2.3 ISO 9000 族质量管理标准概述和质量管理有效方法

2.3.1 ISO 9000 族标准概述

国际标准化组织(ISO)成立于 1947 年。ISO 9000 族标准是由 ISO/TC 176 技术委员会制定的所有国际标准，它是一族标准的统称。ISO 的宗旨：“发展国际标准，促进标准在全球的一致性，促进国际贸易与科学技术的合作。”

鉴于各国的质量保证标准存在着很大差异，1979 年英国标准学会(BSI)向 ISO 建议制定有关质量保证技术的通用性的国际标准。当年 TC176 成立并着手这一工作，于 1987 年 3 月正式发布这套国际标准。ISO 9000~ISO 9004 五个 1 标准，加上 1986 年发布的 ISO 8402《质量—术语》标准统称为“ISO 9000 系列标准”。1994 年经过了一次改版，2000 年作了第二次

改版，提出了 ISO 9000 族(Family)概念。2000 版标准相对于以前版本的变化，无论从思想上、结构上都是飞跃性的。标准改版后，可以适用于所有的产品类别，不同规模和各种类型的组织。当前 ISO 9001 的版本是 2008 版，相对于 2000 版没有显著变化。

鉴于 ISO 的技术管理委员会关于 ISO 导则 72 的要求，以及管理体系发展指南的要求，技术委员会秘书处和 ISO/TC176 小组委员会承诺根据管理体系标准(MSS)的类型将文件分为 A、B、C 三类：A 类，管理体系要求标准；B 类，管理体系指导标准；C 类，管理体系相关标准。

为便于我国组织使用，在 ISO 标准发布之后，国家质量监督检验检疫总局和国家标准化管理委员会，联合组织标准的转换工作，一般稍晚于 ISO 标准的发布年份，以等同采用(idt)的方式发布我国国家标准。见表 2-1。

表 2-1　ISO 9000 族质量管理标准一览表(炼化工程中可能使用的，当前状态)

标准编号	标 准 名 称	MSS 类型
GB/T 19000—2008/ ISO 9000 : 2005	质量管理体系 基础和术语 Quality management systems——Fundamentals and vocabulary	C
GB/T 19001—2008/ ISO 9001 : 2008	质量管理体系　要求 Quality management systems——Requirements	A
GB/T 19004—2011/ ISO 9004 : 2009	追求组织的持续成功　质量管理方法 Managing for the sustained success of an organization——A Quality management approach	B
GB/T 19010—2009/ ISO 10001 : 2007	质量管理　顾客满意　组织行为规范指南 Quality management——Customer satisfaction——Guidelines for codes of conduct for organizations	C
GB/T 19012—2008/ ISO 10002 : 2004	质量管理　顾客满意　组织处理投诉指南 Quality management——Customer satisfaction——Guidelines for complaints handling in organizations	C
GB/T 19013—2009/ ISO 10003 : 2007	质量管理　顾客满意　组织外部争议解决指南 Quality management——Customer satisfaction——Guidelines for dispute resolution external to organizations	C
GB/T 19018—2008/ ISO 10005 : 2005	质量管理　质量计划指南 Quality plans guideline	C
GB/T 19016—2005/ ISO 10006 : 2003	质量管理　项目质量管理指南 Quality management systems——Guidelines for project management	B
GB/T 19017—2005/ ISO 10007 : 2003	质量管理　技术状态管理指南 Quality management systems——Guidelines for configuration management	C
GB/T 19022—2003/ ISO 10012 : 2003	测量管理体系　测量过程和测量设备的要求 Measurement management systems Requirements for measurement processes and measuring equipment	B
GB/T 19023—2003/ ISO/TR 10013 : 2001	质量管理体系文件指南 Guidelines forQuality management system documentation	C

续表

标准编号	标准名称	MSS 类型
GB/T 19024—2008/ ISO 10014：2006	质量管理　实现财务与经济效益的指南 Quality management——Guidelines for realizing financial and economic benefits	B
GB/T 19025—2001/ ISO 10015：1999	质量管理　培训指南 Quality management——Guidelines for training	C
GB/Z 19027—2005/ ISO/TR10017：2003	应用于 ISO 9001：2000 的统计技术指南 Application of statistical techniques in ISO 9001：2000 Guide	C
GB/T 19029—2009/ ISO 10019：2005	质量管理体系咨询机构的选择和使用他们的服务指南 Quality management system advisory body on the selection and use of their services	C
ISO 19011：2011	管理体系审核指南 Guidelines for Auditing Management Systems	C
ISO 10018：2012	质量管理　人员参与和能力指南 Quality management. Guidelines on people involvement and competence	C
GB/Z 27907—2011/ ISO/TS 10004：2010 ISO 10004：2012	质量管理　顾客满意　监视和测量指南 Quality management——Customer satisfaction——Guidelines for monitoring and measuring	C
ISO 小册子：2008	选择和应用 ISO 9000 标准——TC176 N613R1	C
ISO 小册子	八项质量管理原则应用指南——TC176 N595	C

注：(1) TR 技术报告(Technical Report)、TS 技术规范(Technical Specification)是 ISO 标准的补充。

(2) GB/Z(指导性技术文件)是按我国《国家标准化指导性技术文件管理规定》出版的规范性文件。

2.3.2　PDCA 循环

PDCA 循环又叫戴明环，是美国质量管理专家戴明博士首先提出的，它是全面质量管理所应遵循的科学程序。全面质量管理活动的全部过程，就是质量计划的制订和组织实现的过程，这个过程就是按照 PDCA 循环，不停顿地周而复始地运转的。

P(Plan)——策划：根据要求，建立实现结果所必需的目标和过程；

D(Do)——实施：实施过程；

C(Check)——检查：根据要求，对过程和产品进行监视和测量，报告结果；

A(Action)——处置：采取措施，以持续改进过程绩效。

PDCA 循环有许多种表达方式，但是万变不离其宗，以一个循环为单元，或循环连循环，循环套循环，循环交循环，或不断上升，不断前进，不断优化。

PDCA 过程控制示意图见图 2-2。

根据《质量管理体系 基础和术语》(GB/T 19000—2008/ISO 9000：2005)，图 2-3 所示为以过程为基础的质量管理体系模式，包含 PDCA 循环。

2.3.3　过程方法和管理的系统方法

过程方法和管理的系统方法是八项质量管理原则中的第四和第五项原则。

需要寻找一条以顾客满意为目标的主线：首先明确顾客需求，据此建立过程模型，分配活动和职责，实现过程。如图 2-3 所示，ISO 9001 质量管理体系过程从过程职能上区分，

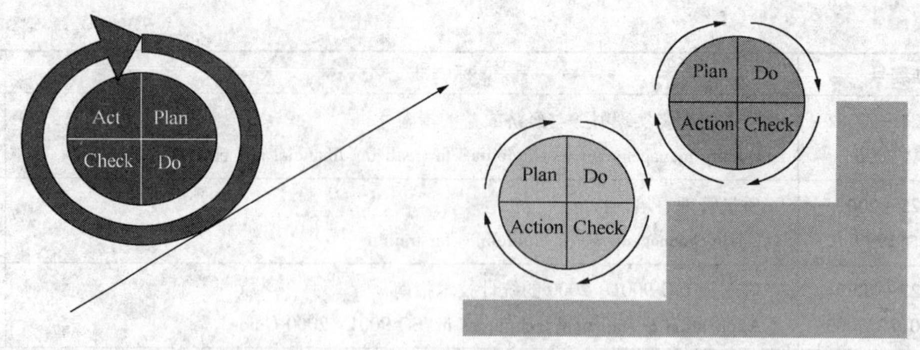

图 2-2　PDCA 过程控制示意图

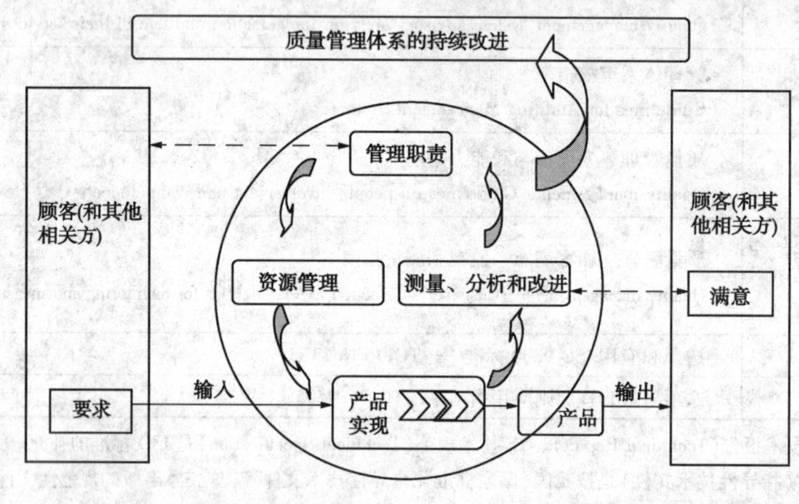

图 2-3　以过程为基础的质量管理体系模式

注：括号中的内容不适用于 GB/T 19001。

由体系管理过程，资源管理过程，产品实现过程，测量、分析持续改进过程四大过程组成。其中，产品实现过程，对工程公司也就是项目实现过程，如图 2-4 所示。

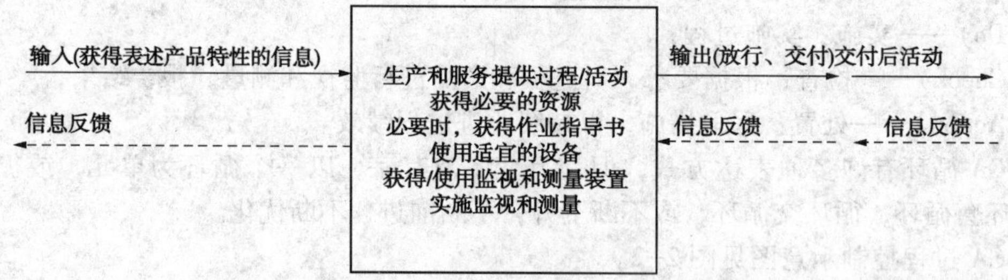

图 2-4　生产和服务提供一般过程示意图

过程层层叠叠、反反复复、你中有我、我中有你，系统和动态，其输出和结果是迭代和累加的。质量管理的目标是控制过程没有问题，来保证产品符合要求。或者说是顺利完成所有过程，以保证结果没有问题，这是管理者难以企及但不懈求索的境界。为此，过程方法和管理的系统方法被提出，考验的是管理者运筹帷幄和文韬武略的智慧。当代科学和信息技术的进步，帮助在一些领域中可以完成许多次迭代的计算和规划，在质量管理方法上，也值得探讨更先进适用的管理方法。

2.3.4 关注工程产品

工程质量管理和控制的目标指向——关注工程产品。无论采取任何过程程序和手段，最终的目标是合格产品。如表2-2所示，产品①是最重要的，对证明产品符合要求的质量记录和产生这些记录的所要求的文件规定，重要性程度依次为②>③>④，把顺序反过来看，④可保证③，③可保证②，②可保证①。质量管理是连环套连环的过程，产品质量稳定地符合要求是体系有效运行的结果。这也体现了八项质量管理原则中第五项原则，管理的系统方法，强调了“识别、理解和管理作为体系的相互关联的过程，有助于组织实现其目标的效率和有效性。”

表2-2 工程项目各阶段产品以及符合性证据/控制程序示意表

阶段	阶段产品①	产品符合要求的直接证据②	产品符合要求的辅助证据③	控制程序④
设计	设计文件	评审、校审记录 质量评定记录	过程符合性 检查记录	设计执行计划及其支持性 文件包括校审规定等
采购	采购的设备和材料	产品质保文件 （含检试验记录）	过程符合性 检查记录	采购执行计划及其支持性文件 包括检验试验计划等
施工	施工和组装的装置成品	施工交付文件 （含检试验记录）	过程符合性 检查记录	施工执行计划及其支持性文件 如施工检验试验计划等

2.3.5 ISO标准在境外炼化工程项目质量管理中的地位和作用

质量管理和质量保证标准(ISO 9000族标准)是适应国际市场竞争日趋激烈和满足顾客的要求而产生发展起来的。从制造业开始，渐渐过渡到适用于各行各业，经过几十年的实践，ISO 9000(族)标准也正在被成功应用于工程建设行业的质量管理实践中。

表2-1中所列的标准，在境外炼化工程项目质量管理中，正广泛地被业主、项目管理团队、监督机构、承包商、供应商等所使用。反之，基于GB/T 19000—2008(ISO 9000：2005)《质量管理体系 基础和术语》(Quality management systems——Fundamentals and vocabulary)定义的适用范围，ISO 9000族标准适用于：①通过实施质量管理体系寻求优势的组织；②对供方能满足其产品要求寻求其信任的组织。同样基于《质量管理体系 基础和术语》，“组织”(Organization)的定义为：职责、权限和相互关系得到安排的一组人员及设施。一个工程项目的机构组成，符合“组织”的定义。一个基于ISO 9001要求的工程项目质量管理体系，在复杂的境外炼化工程项目过程的质量管理工作中的地位，就目前为止，尚未找到一个更好的方法来取代。

工程项目质量管理体系(Project quality management system)是指建立工程项目质量方针和质量目标并实现这些目标的体系，主要内容为：工程项目质量策划、质量控制和质量保证。通过实施ISO 9001质量管理体系，项目组织可以提高其项目实施过程的能力和可靠性，并持续改进，达到使业主满意的程度。

2.4 FIDIC 合同条件简介

2.4.1 FIDIC 合同发展概述

为了保证交易的顺利进行，多数国家或地区政府、社会团体和国际组织都制定了有标准的招投标程序、合同文件、工程量计算规则和仲裁方式告示。使用这些标准的招投标程序、合同文件，便于投标人熟悉合同条款，减少编制投标文件时所考虑的潜在风险，以降低报价。发生争议的时候，可以执行合同文件所附带的争议解决条款来处理纠纷。标准的合同条件能够合理公平的在合同双方之间分配风险和责任，明确规定了双方的权利、义务，很大程度上避免了因不认真履行合同造成的额外费用支出和相关争议。

FIDIC 作为国际上权威的咨询工程师机构，多年来所编写的标准合同条件是国际工程界几十年来实践经验的总结，公正地规定了合同各方的职责、权利和义务，程序严谨，可操作性强。如今已在工程建设、机械和电气设备的提供等方面被广泛使用。

FIDIC 成立于 1913 年，FIDIC 出版的主要合同条件先后有：

① FIDIC 合同条件(1)《土木工程施工合同条件》(1957 年第一版，1987 年第 4 版，1992 年修订版)(红皮书)；

②《电气与机械工程合同条件》(1988 年第 2 版)(黄皮书)；

③《土木工程施工分包合同条件》(1994 年第 1 版)(与红皮书配套使用)；

④《设计——建造与交钥匙工程合同条件》(1995 年第一版)(橘皮书)；

⑤《施工合同条件》(1999 年第一版)(新红皮书)；

⑥《生产设备和设计——施工合同条件》(1999 年第一版)(新黄皮书)；

⑦《设计采购施工(EPC)/交钥匙工程合同条件》(1999 年第一版)(银皮书)；

⑧《简明合同格式》(1999 年第一版)(绿皮书)；

⑨ 多边开发银行统一版《施工合同条件》(2005 年版)，等。

《设计采购施工(EPC)/交钥匙工程合同条件》(1999 年第一版)(银皮书)与《设计——建造与交钥匙工程合同条件》(1995 年第一版)(橘皮书)结构和条款相似，银皮书更全面和实用，两者都采用总价合同模式。本书附件 2“FIDIC 银皮书部分有关质量的条款摘录”给出部分条款作为参考。

其他组织也出版了一些工程合同条件，如：

英国土木工程师学会 NEC(The New Engineering Contract)；

联合合同委员会 JCT(Joint Contracts Tribunal)；

美国建筑师学会 AIA(The American Institute of Architects)；等。

2.4.2 FIDIC 合同条件中质量内容和 ISO 9001 要求的比较

由于两者是两个不同机构出版的标准化文件，有各自的发展历史和服务侧重点，实质上并不具有可比性。然而，FIDIC 合同条件在全球的工程领域被广泛认可，ISO 9000 被成功采纳于各行业组织的质量管理，所以，对工程项目的质量管理工作，在此简单探讨两者在表象上的结合点。

工程建设发展历史，特别是土木工程发展历史悠久，紧随其后，工程管理的需求和发展便随之而来。FIDIC 成立于 1913 年，国际标准化组织（ISO）成立于 1947 年，当 1995 年 FIDIC 橘皮书出版时，距 1987 年第一版 ISO 9000 系列标准出版已有多年，质量管理体系的概念已被传播多年并运用于实践，所以，橘皮书条件中要求“承包商应按照合同的要求建立一套质量保证体系，以保证符合合同要求。”尽管没有规定是怎样的体系，经过实践，ISO 9001 的质量管理体系要求已被广泛地建立和使用于具体的工程项目建设中。

FIDIC 合同条件和 ISO 9001 质量管理体系要求同样提出了对承包商提供的合格工程产品以及提供产品能力和过程的要求，比如遵守法律法规的要求，文件要求，人员/资源要求，产品检验和监督要求，交付后的工作等。

FIDIC 合同条件更注重结果，以及结果是否达到的责任；ISO 9001 质量管理体系要求则注重建立一个体系，通过体系运行来帮助保证结果的达到。

当 FIDIC 合同条件运用于具体合同中，即具有法律效应的合同条款，当 ISO 9001 质量管理体系要求被应用于组织和项目，便是承包商的承诺，尽管没有法律条款的效应，却是承包商生产和管理活动必须遵守的标准。

2.5 质量风险

风险是一种不确定性，是损益发生的可能性，一般是指损失发生的可能性以及后果的危害性。所有的活动都涉及风险。

2.5.1 炼化工程项目质量风险举例

炼化工程项目一部分质量风险举例如下：

（1）合同风险

主要包括合同签订的风险和执行风险。在合同签订过程中要保证充分的信息搜集和各方权衡、制衡，审时度势，保证合同的质量条款有利至少是合理。在合同签订后要在可回旋的范围内保证合同的顺利执行，更多控制内在风险。

（2）对法律法规、专业标准理解和执行的风险

对法律法规、专业标准理解和执行正确与否，即使仅涉及某一貌似不起眼条款，其结果可能包含的风险也不可小觑。

（3）设计阶段质量风险

设计专利、产品、工艺、工程方案等确定过程存在可选择性、可变性和一定程度的不确定性。保证提供一个好的设计产品是降低整个项目质量风险的关键。经验和数据分析表明，很多质量问题是由于设计过程或设计原因引起的，因而，设计阶段的风险控制至关重要。

（4）采购阶段质量风险

当工程在境内的时候，可以在货物出厂后产生大量的采购服务而不需考虑太多的代价，但当工程远在境外时，保证采购产品的检验过程，在工厂做好检验，严格控制放行，显得更为重要。长途运输的风险也应充分考虑。

（5）施工质量风险

施工阶段的质量风险之一是工程产品的符合性风险，SEG 通过境内外大量工程项目的施工实践，这部分风险的应对已经相对成熟，而且，通过控制施工前面的设计和采购的风险，可有效降低施工本身的风险。

由于工程所在地为境外，施工阶段的风险，可能更多来自于和当地的关系和当地劳动力和对劳动力要求的情况。强化现场监管的力度和深度，可同时保证社会公共安全和利益以及项目团队安全和利益的实现。

(6) 运营保修阶段质量风险

境外项目该阶段的质量工作可能比较多。强化运行保修阶段的服务，降低因项目使用不当引起的风险。通过保修期内的质量检查，及时掌握项目的使用情况，有针对性的提出风险控制和解决方案，可降低保险人和业主的风险。

(7) 管理质量风险本身的风险

质量风险识别能力有待提高，量风险管理体系不成熟。缺少有经验的质量风险评估、分析和具有工程保险相关知识的人员。质量风险管理中的责任分担还不明确，业主方、设计方、施工方和供货方的责任没有明确的法律法规等来界定。

2.5.2 质量风险管理

(1) 质量风险管理一般介绍

质量风险管理是一个系统化的过程，是对产品在整个生命周期过程中，对质量风险的识别、衡量、控制以及评价的过程。风险管理应对策略一般有：避免(消除风险源)、降低(降低风险发生可能性)、减轻(减轻风险造成的后果)、接受(如果可能制定风险发生后的补救方案)以及保险。

(2) 质量风险管理和保险

工程保险制度下的质量风险管理模式，是对建设工程全过程全方位的管理，从设计阶段开始，历经施工阶段和竣工验收阶段，直到运营保修期为止。它关注质量风险管理，强调预先控制。质量风险管理方(一般就是工程承包商)在与保险公司签订质量风险管理合同之后，对风险评估报告做出分析，提出质量风险管理方案和大纲，然后建立以风险管理经理为首的项目风险管理包括质量风险班子，开展质量风险管理工作。工作内容的核心是针对工程质量保险标的进行质量和安全的全面管理与监督，以提高工程质量、降低风险、减少损失为工作目标，通过将事前预控与事中监控紧密结合，抓住风险源头，公正独立地对项目参建各方进行质量风险管理。

(3) 有关风险管理指导性标准和文件

有关风险管理的一些指导性标准和文件如下：

ISO Guide73：2009　Risk management——Vocabulary;

ISO 31000：2009　Risk Management——Principles and Guidelines;

ISO/IEC 31010：2009　Risk Management——Risk Assessment Techniques;

GB/T 23694—2009　《风险管理术语》;

GB/T 24353—2009　《风险管理原则与实施指南》;

GB/T 27921—2011　《风险管理评估技术》;

《中央企业全面风险管理指引》[国资发改革(2006)108号];

《COSO-ERM 企业风险管理框架》。

注：与 ISO 9000 族标准的转换不同，风险管理的中国国家标准参考了 ISO 标准，并非等同采用。

第3章 项目质量管理

3.1 项目主要工作过程

从项目作为一次性的活动来看，项目质量由工作分解结构反映出的项目范围内所有的阶段、子项目、项目工作单元的质量所构成，也即工作过程质量；从项目作为一项最终产品来看，项目质量体现在其性能或者使用价值上，也即项目的产品质量。项目活动是一种特殊的物质生产过程，其生产组织特有的流动性、综合性、劳动密集性及协作关系的复杂性，这增加了项目质量保证的难度。

过程方法是八项质量管理原则的第四项。境外炼化工程项目的质量管理是针对境外特点，识别和控制项目实施过程，从而保证提供达到预期结果的境外工程产品。图3-1“项目主要工作过程示意图”是图2-1“典型的工程项目全过程示意图”的扩展，图中表示出项目过程中的主要输入、输出。项目质量活动渗透和贯穿于项目执行的全过程。

3.2 合同与ITB的要求

3.2.1 合同与ITB的要求

因税赋、执行模式等关系，境外工程EPC合同可以采用各种组合方式，如SABC项目的合同由境外执行(Out of Kingdom)和境内执行(In Kingdom)两部分部分组成；KPI项目初版合同由设计、工程和供应合同(Design, Engineering and Supply Contract)、施工合同(Construction Contract)以及协调协议(Coordination Agreement)组成。境外EPC合同一般由专业机构或人员参与起草，条款严密，结构严谨。以KPI项目的设计、工程和供应合同为例，其中包括18个条款(Articles)、44个条件(Conditions)、16个附件(Appendices)、4个附录(Exhibits)，某一附件中包含了147个项目技术规定(Facility Specifications)，在项目早期执行过程中，进一步补充了62个设计要求(Design Requirements)。合同内容除了纯商务和财务部分，一般都与项目执行有关，项目质量管理人员自始至终关注着工程产品，必须熟悉合同结构，关注合同条款，了解合同中的技术和质量要求。

经过双方洽谈签订的合同，包含顾客的要求，必须对每项条款都充分解读，以识别要求从而保证项目执行符合要求。质量管理是通过控制过程来保证产品符合要求，除了质量管理本身的内容外，对工程产品和其形成过程的要求都要关注，这也是八项质量管理基本原则的第一项，以顾客为关注焦点。

工程经招投标中标后，对项目要求非常详细ITB即成为合同的组成部分。某境外项目的ITB对质量的总体要求如下：

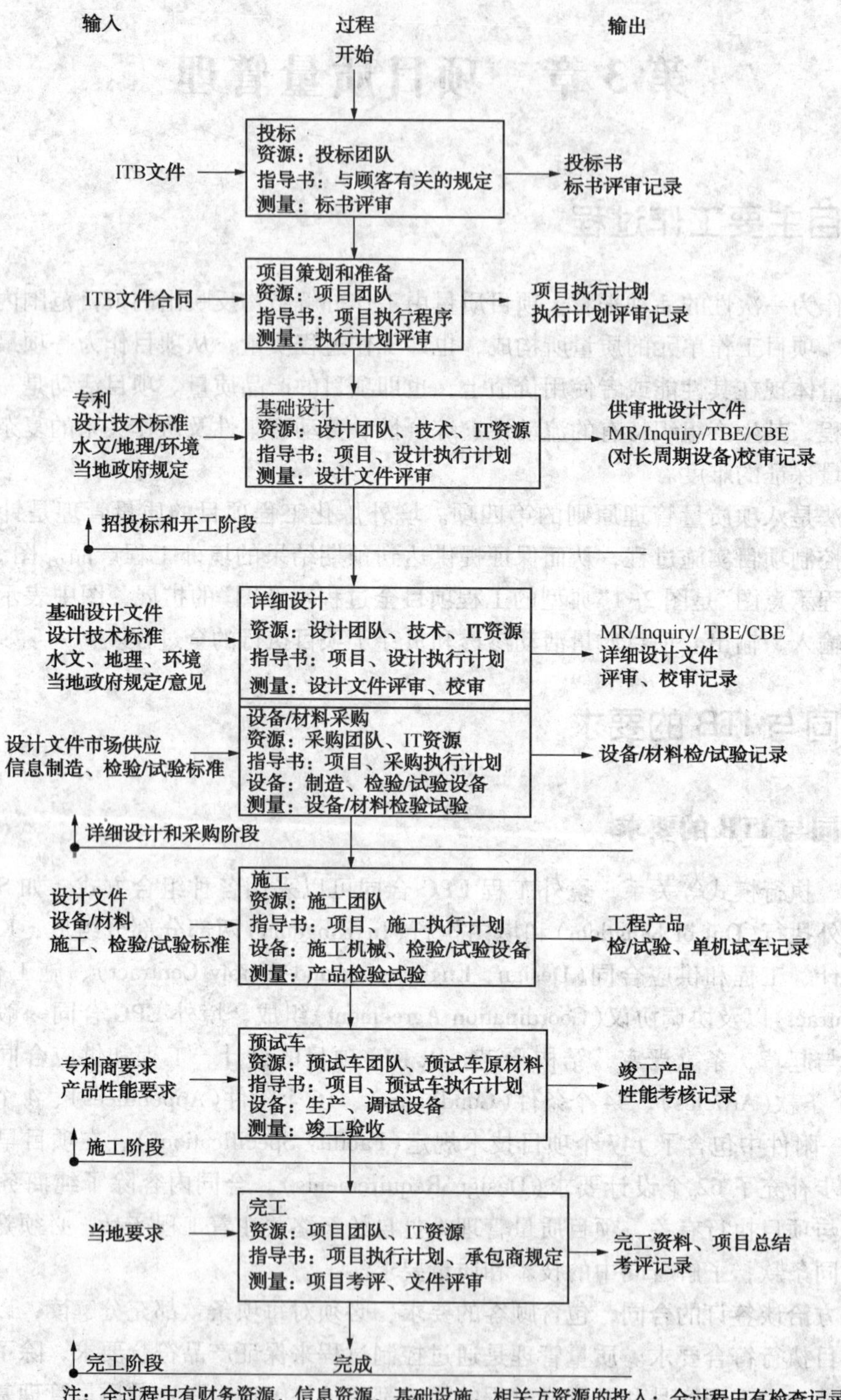

图 3-1　项目主要工作过程示意图

承包商将对工程的质量负全部责任。承包商需要对工程的所有部分进行检验、测试和接受，包括分包商和供应商所承担的部分，来确定工程是按照适用的图纸，文件和标准完成的。

无论何时何地承包商或者其分包商和供应商参与工程建设的时候，业主将派出公司代表对承包商的质量活动进行验收以及见证合同所要求的所有检验和测试，为保证符合合同和采购订单的要求，业主保留对于所有设备和材料进行计划外各种检验和测试的权利。在业主对于承包商工程工作进行适当检测的时候，承包商不得拒绝业主获取和使用承包商认为有权或机密的技术数据及其他数据。为了保证工程与合同的一致性，业主保留必要时进行计划外的检测的权利。

对于承包商的质量文件(例如质量计划、程序、检测计划等)以及承包商人员的资质，业主将在这些文件和资质证明提交后的30天内完成审核。

根据本文××章节的要求，承包商在质量计划批准之前，不可进行任何涉及设计采购施工的工作。

对于业主要求见证的任何检测，承包商需要在已经批准的ITP中注释以确保业主代表参加。对于工程中要求进行检查和见证部分未进行批准而关闭的，在业主的要求下承包商需要重新进行检测和见证并关闭，并由承包商负担其费用。

如果在业主或业主指定的第三方进行的任何检测中，发现承包商工程材料和设备中的任何不足，须有承包商负责检测费用，并由承包商出资迅速的修正这些不足。

如果承包商不接受本文中对于质量的要求。业主将提前14天通知承包商，并连同充足的检测服务来保证工程按照合同的要求进行。此部分的检测由承包商承担费用。

ITB通常明确对建立项目质量管理体系的要求，某ITB的要求如下：

(1) 质量管理体系要求

(2) 文档要求

(3) 管理职责

(4) 资源管理

(5) 项目执行/过程实现

(6) 测试，分析和改进

附件1　承包商与分包商质量人员资质要求

附件2　含有具体的质量要求的业主标准和程序

附件3　承包商设备材料质量要求

附件4　施工阶段质量要求

附件5　质量管理体系出版文件总要求

附件6　项目规范质量要求

3.2.2　偏离和放弃

在报价或项目执行时，当对某要求存在疑问或异议时，承包商可以提出技术询问和请求(Technical query)，请求澄清。当产生偏离(Deviation)或放弃(Waiver)要求时，根据需要，一般可以提出偏离或放弃请求；当请求被批准时，视为要求被允许更改或放弃。

3.2.3　改进和提高

承包商项目质量管理体系的建立和运行满足合同与ITB的要求，是最低准则；当承包商承诺满足顾客要求并持续改进，以追求超越顾客要求时，项目的质量管理准则应高于合同与ITB 的要求。

3.3 项目质量计划(产品实现的策划)

项目质量管理的目的是根据合同要求，依靠承包商质量管理体系，投入合理的资源，实现项目合同的质量要求。项目质量计划是项目质量管理的纲领性文件，当设定了项目的质量目标，项目质量计划的任务便是为实现质量目标而进行策划。其核心是策划建立项目质量管理体系，确定资源、规定职责、明确实现途径、设置监督检验步骤、保持过程持续改进；其编制的指导思想是 ISO 9001 质量管理体系的要求，通过建立体系和实施过程控制，确保达到预期的输出，提供符合要求的产品。

3.3.1 项目质量计划

根据合同约定的工作范围和质量要求，承包商确定项目组织机构、工作内容和分工、进度要求、人力安排、资源投入、采用标准、使用软件、实施方法、控制措施、交付要求等。项目质量计划是项目执行计划的组成部分。

以下给出一份典型的境外工程质量计划目录，并通过本书 3.4~3.24 各节描述，提供境外工程质量计划各章节主要内容参考以及实施要求。

(1) 项目质量方针和质量目标

(2) 项目质量管理组织机构和职责

(3) 界面和协调

(4) 标准和规范

(5) 文件要求

(6) 项目管理评审

(7) 资源管理

(8) 变更管理

(9) 标识和可追溯性

(10) 保存和防护

(11) 顾客财产

(12) 质量审核和检查

(13) 质量记录和报告

(14) 不合格品/不符合项控制和纠正、纠正/预防措施

(15) 质量改进

(16) 顾客满意

3.3.2 项目质量计划支持性文件

编制项目质量计划，需要准备有关质量的程序和计划性文件，作为对项目质量计划的支持。程序(Procedure)是为进行某项活动或过程所规定的途径，计划(Plan)是实现目标的行动方案。程序一般规定了“何人，何地，怎么做”。计划一般明确了“何时，做什么”。程序可作为计划的支持性文件，计划可引用程序。两者结合，可以明确对一般过程

的控制方法。

境外项目中，ISO 9001 要求得到普遍认可，可以依靠的承包商的 ISO 9001 质量管理体系，如该体系经国际认可的权威机构提供认证则更为有利。争取尽可能使用承包商公司原有程序和作业规定，并在项目质量计划中明确。尽量争取使项目执行人员处于原有熟悉的工作流程中，无论是保证项目进度和质量，还是项目团队工作顺利和协调，都是非常有利的。

项目质量管理人员要熟悉公司质量管理体系、标准体系，判断顾客的某一要求，应通过执行公司何种程序来满足，通过和业主管理团队的有效的沟通，承诺并证明承包商质量管理体系的符合性、适用性、充分性、满足性、可信性。以下列出了一部分建议使用的承包商公司文件(包括但不限于)，应准备英文版本供业主审阅。

(1) 质量手册

(2) 设计控制程序

(3) 设计文件深度规定

(4) 设计评审规定

(5) 设计校审、会签规定

(6) 第三方检验机构管理规定

(7) 采购质量管理程序

(8) 施工质量管理程序

(9) 人员管理规定

(10) 项目质量审核程序

(11) 项目管理控制规定

(12) 材料管理规定

(13) 合同管理规定

(14) HSE(HSSE)管理规定

(15) 费用管理规定

(16) 进度管理规定

(17) 不合格品控制程序

(18) 项目纠正和预防程序

(19) 持续改进程序

对项目的具体要求，需要量身定制项目特定执行程序，这项工作需要熟悉有关项目所在国家有关情况，项目合同、法律法规以及国际标准等。

有关质量的项目程序和规定名称示例如下(包括但不限于)：

(1) 采购检验程序

(2) 施工检验试验程序

(3) 进度控制规定

(4) 文件控制程序

(5) 文件交付程序

(6) 项目协调程序

(7) 无损检测规定

(8) 3D 模型审查规定

（9）现场设备材料接受和检验规定
（10）现场质量监督程序
（11）材料可靠性检验规定
（12）材料色标规定
（13）成品保护规定
（14）焊工考试规定
（15）焊接控制规定
（16）偏离控制规定
（17）分包管理规定
（18）项目报告规定
（19）出版质量文件规定
（20）变更管理程序
（21）界面管理规定

项目执行计划是重要的项目策划文件。从项目执行角度看，项目质量计划是项目执行计划的组成部分；从项目质量体系角度看，项目执行计划构成了对项目质量计划的支持。项目执行计划一般包含如下计划性文件(包括但不限于)：

（1）设计实施计划
（2）采购实施计划
（3）施工实施计划
（4）预试车计划
（5）项目质量计划
（6）质量审核计划
（7）采购检验计划
（8）施工检验和试验计划
（9）进度计划(报告)
（10）HSE(HSSE)计划
（11）文件交付计划
（12）培训计划
（13）纠正与预防措施计划

3.3.3 动态关注项目策划

应动态关注项目策划内容。项目策划在相关工作开始前根据既定要求进行，实施过程中要求可能产生变化，针对这些变化，可以升版策划文件重新发布，也可以用其他方式补充传达到有关层面，如会议纪要、项目备忘录、通知等。

当工作依据、范围等发生变化，或者合同其他界定的内容发生变化，承包商会面临损失工期和费用；当采用标准变化，无论是设计、制造、检验、验收或管理标准的变化会导致工作内容的变化，承包商同样会增加工期和费用。应慎重对待设计标准版本的变化，详见“3.7 标准和规范”。

对引起工期和费用损失的工作变化，在动态关注项目策划文件同时，及时进入变更程序进行处理，详见“3.13 变更管理”。

3.3.4 供参考的项目策划文件目录

SABIC 项目给出一份项目提交文件要求目录，具体规定在项目运行到相应阶段必须提供的相应文件，包括文件格式样板等，见表 3-1。SABIC 项目的质量目录(Project Quality Index)，原先是业主工程项目管理部门(E&PM)为便于管理应用的文件，后逐渐变成 ITB 的质量要求(Quality Assurance & Control Requirements)，正式作为 ITB 文件的要求。见表 3-2、表 3-3。由于应用于不同目的，表 3-1 和表 3-2、表 3-3 有的条目重复，有的条目描述不一致。表 3-1 着重于策划，表 3-2、表 3-3 着重于应用记录。

如果承包商已有类似的执行文件能满足项目需要，可通过与业主质量经理的协商，争取使用承包商熟悉的项目执行文件，以有利于在项目中执行。

表 3-1 项目要求文件一览表

序号 Item	文件描述 Document Description
1	项目执行介绍 Project execution instruction
2	项目质量计划 Project quality plan
3	文件控制程序 Document control procedure
4	设计质量计划 Engineering quality plan
5	工程设计程序 Engineering procedures
6	设计控制程序 Design control procedure
7	放弃程序 Waiver procedure
8	完工程序 As-built procedure
9	采购质量计划 Procurement quality plan
10	采购程序 Procurement procedure
11	工厂检验程序 Shop inspection procedure
12	采购检验试验计划 Inspection and test plans(ITPs) for procurement
13	施工质量计划 Construction quality plan
14	施工检验试验计划 Inspection and test plans(ITPs) for construction
15	材料控制程序 Material control procedure
16	施工安装程序 Construction and installation procedure
17	施工检验试验计划 Inspection and test plans(ITPs) for construction
18	材料控制计划 Material control procedure
19	试验程序 Test procedures
20	焊接控制程序 Welding control procedure
21	焊接工艺作业指导书/焊接工艺评定 WPS/PQR
22	无损检测程序 NDT procedure
23	水力试验程序 Hydro test procedure
24	方案 Method statements
25	设备材料防护程序 Procedure for equipment and material preservation
26	检验协调程序 Inspection coordination procedure

续表

序号 Item	文件描述 Document Description
27	校准程序 Calibration procedure
28	现场监督程序 Site surveillance procedure
29	不合格品程序 Nonconformity procedure
30	质量审核程序 Quality audit procedure
31	纠正和预防措施程序 Corrective and preventive action procedure
32	质量文件提交 QAQC document deliverables
33	尾项控制程序 Punch lists control procedure
34	移交程序 Turnover procedure
35	进度计划基础备忘 Scheduling basis memorandum
36	载入费用和资源的原始基础进度计划 Native baseline schedule with cost & resource loaded
37	进程测量程序 Progress measurement procedure
38	项目控制模板和程序一览表 List of project control templates & procedures
39	成本时间资源——设计 Cost time resource(CTR)——engineering
40	变更确认登记 Change order register
41	月报 Monthly reports
42	采用 SAP 软件的费用报告 SAP cost report 注：SAP(Systems applications and products in data processing)：企业管理解决方案的软件名称，也是生产该软件的公司名称。SAP 目前是全世界排名第一的 ERP 软件
43	施工实施计划 Construction execution plan(CEP)
44	施工组织机构(含预试车)Construction organization chart(including pre-commissioning)
45	完工责任矩阵表 Completion responsibility matrix
46	分包商名单、任务和责任 List, roles and responsibilities of subcontractors
47	施工、预试车和试车过程中设备的保护 Equipment protection during construction , pre-commissioning and commissioning preventative
48	从施工经预试车到试车的安全工作 Safe work practices through transition from construction through pre-commission to commissioning
49	当地权威要求和许可 Local authority requirements-permits
50	检验测试计划(样板)Inspection & test plans(Samples)
51	施工过程状态(S 曲线，专业工作量进程)Construction progress status("S"curves, discipline work quantities progress)
52	测试包(清单和样板)Test packs (List and samples)
53	测试包完成状态 Test packs completion status
54	预试车程序(清单和样板)Precommissioning procedure(List and sample)
55	预试车和试车手册模板和内容 Format and content of pre-commissioning and commissioning manuals
56	回路测试(回路编号样板)Loop checks(Number of loops a samples)
57	回路测试完成状态 Loop checks completion status

续表

序号 Item	文件描述 Document Description
58	基于系统的预试车安排表(全厂开车线路)System based pre-commissioning schedule(in line with the overall plant start-up)
59	施工、预试车、试车、开车过程专利商和供应商代表支持计划 Licensor and vendor representatives support plan for construction, pre-commissioning , commissioning and start-up
60	特殊程序如蒸汽吹扫、化学清洗、润滑油冲洗、水力喷射等分包商 ITB 已被改进 Sub-contract ITB's are developed for special procedures such as steam blowing, chemical cleaning, lube oil flushing, hydro jetting etc.
61	预试车需要的公用工程资源配置计划 Needs and intended sources of the utilities required during pre-commissioning plan for disposal
62	预试车和试车测试设备和消耗品 Test equipment and consumables for pre-commissioning and commissioning
63	预试车和试车工作现场备件可得到性 Pre-commissioning and commissioning spares availability at the work site
64	预试车和试车材料可得到性：临时短管、培训人员、盲板、垫片等 Availability of material for pre-commissioning and commissioning: temporary spools, strainers, blinds, gaskets, etc.
65	带标记的系统界面图纸(流程图、单线图等)清晰地定义出系统界面(样板)Marked-up system boundary drawings(P&IDs, Single Line Diagrams, etc.) clearly defining the system boundaries(Sample)
66	每个系统和分系统显示机械完工阶段的进度表(3 级)A schedule showing the phased Mechanical Completion (MC) of each system and sub-system(Level 3)
67	系统完成各专业检查表(配管、电气、仪表等)System completion discipline checklists (Piping, Electrical, Instrument, etc.)
68	Turnover systems(List)移交系统(一览表)
69	移交文件包的格式和内容 The format and content of turnover documentation package
70	用于记录数据和管理移交进程的报告、检查页、证书目录（样板）Index of the reports and checksheets and certificates used to record data and monitor turnover progress(Sample)
71	移交系统完成状态 Turnover system completion status
72	遗留问题清单(样板)Punch list (Sample)
73	遗留问题清单条目完成状态 Punch list item completion status
74	预开车安全检查 Pre-Start-Up Safety Review(PSSR)
75	公用工程要求，润滑油、化学品、材料专用工具等 Requirement for utilities, lubricants, chemicals, materials, special tools
76	关闭报告、课题解析 Close-out report, lessons learnt
77	竣工文件(表)"As built" document(List)
78	政府许可，建筑物使用许可、噪声监测 Government permits, building occupancy permit, noise survey

表 3-2 项目质量目录表(设计和采购)

序号 Item	文件描述 Document Description
1	提交的文件 Document submittal
1.1	质量计划、程序和审核计划 Quality plan, procedures and audit schedule
1.2	质量经理简历 Quality Manager resume within 7 days of notice to proceed
1.3	质量人员简历 Quality personnel resumes
1.4	采购要求 Purchase requisitions
1.5	供应商选择、评估要求 Supplier selection/evaluation
1.6	特殊过程程序 Special process procedures
1.7	检验派遣包带 ITP inspection assignment packages with ITP
1.8	双周预测计划 Two-week look-ahead schedules
1.9	周检验、制造报告 Weekly insp. status/fabrication report for inspection
1.10	检验报告(预检、过程检验、最终检验)Inspection reports (pre-inspection, in-process, final)
1.11	审核报告 Audit reports
1.12	不合格报告和登记表 Non-conformance reports & NCR summary
1.13	月质量管理报告和管理检查结果 Monthly quality management reports & management review results
1.14	最终检验处置(放行)报告 Final disposition(release)reports
2	质量体体系执行 Quality system implementation
2.1	按技术规定批准的设备材料检验等级 Equipment/material inspection levels agree with project spec
2.2	检验原对最后批准的技术文件的工作 Inspectors work to latest approved technical documents
2.3	合同评审条目 Contractor reviews suborders
2.4	按日程要求的实施的预检会文件 Pre-inspection meetings conducted in accordance with agenda requirements
2.5	按采购合同提供的供应商文件 Vendor documentation submitted in accordance with purchase order
2.6	制造开始时所有批准的供应商图纸 All vendor drawings approved prior to start of fabrication
2.7	双周预测计划实际实施情况 2-week look-ahead schedule accurately reflects activities
2.8	批准的检验员实施检验情况 Inspection carried out by approved inspectors
2.9	批准的 ITP 履行情况 Approved ITP′s have been fully implemented and followed
2.10	按计划实施内部审核的证明 Internal audits performed as scheduled
2.11	不合格识别和文件 Non-conformities identified and documented
2.12	原因分析和纠正措施实施报告 Root-cause is identified and corrective action accepted and implemented
2.13	承包商和 SABIC 的不合格报告百分比 Percentage of NCR issued by contractor vs. SABIC
2.14	重复发生情况 Repeat violations
3	采购材料质量 Quality of procured material
3.1	容器、储罐和换热器 Vessels, tanks and exchangers
3.2	锅炉和焚烧炉 Boilers and furnaces
3.3	机械设备 Mechanical equipment
3.4	合金材料 PMI Positive material identification for alloy material
3.5	管道、管件、工艺和管线法兰 Pipes, fittings, flanges-process/pipelines

续表

序号 Item	文件描述 Document Description
3. 6	阀门 Valves
3. 7	包设备 Packaged equipment
3. 8	转动设备(泵、透平、压缩机等)Rotating equipment (pumps, turbines, compressors, etc.)
3. 9	电器设备(马达、发电机、马达控制中心、开关柜、电缆等)Electrical equipment (motors, generators, MCC, switchgear, cables, etc.)
3. 10	钢结构和预制厂房 Structural steel and pre-fabricated buildings
3. 11	工艺控制系统(仪表盘、控制器和仪表)Process control systems (panels, controllers, instrumentation)
3. 12	例外项已被识别，文件已提交 Exception items have been identified, documented and submitted
3. 13	材料装船前已检验和放行 Material inspected and released prior to shipment
3. 14	装船前供应商制造数据已被审核和批准 Vendor manufacturing data reviewed and approved prior to shipment

表 3-3　项目质量目录表(施工)

序号 Item	文件描述 Document Description
1	提交文件 Document submittal
1. 1	质量计划 & 系统程序和审核日程 Quality plan & systems procedures and audit schedule
1. 2	检验试验计划和程序 Inspection and test (I&TP) plan & procedures
1. 3	开工通知发出 7 天内提供质量经理简历 Quality manager resume within 7 days of notice to proceed
1. 4	符合 ITB/PEI 要求的质量人员简历 Quality personnel resumes per ITB/PEI.
1. 5	质量人员动员预测 Quality personnel mobilization forecasts
1. 6	特殊过程程序 Special process procedures
1. 7	双周前瞻计划 Two-week look-ahead schedules
1. 8	审核报告 Audit reports
1. 9	不合格品报告和登记表 Non-conformance reports & NCR summary
1. 10	质量管理月报和管理检查结果 Monthly quality management reports & management review results
2	质量体系建立 Quality system implementation
2. 1	质量人工时水平按 ITB 要求 Quality manpower level on site per ITB
2. 2	图纸和技术文件已受控 Drawings and technical documents controlled
2. 3	现场变更文件经批准并分配 Field changes documented, approved and distributed
2. 4	焊接符合应用标准和程序 Welding complies with applicable standards and procedures
2. 5	检验按 I&TP 完成并按程序文件化 Inspections performed per I&TP and documented per procedures
2. 6	材料接受按程序 Material receiving per procedures
2. 7	追溯按程序维护 Traceability maintained as required
2. 8	材料搬运、储存和防护按程序 Material handling, storage & preservation per procedures
2. 9	测试设备按指定周期校准 Measuring and test equipment calibrated per prescribed period
2. 10	内部审核已实施，形成文件并追踪 Internal audits are performed, documented and followed up
2. 11	分包商审核已实施，形成文件并追踪 Sub-contractor audits performed, documented and followed up

续表

序号 Item	文件描述 Document Description
2.12	质量记录被维护并可检索 Quality records maintained and retrievable
2.13	预防措施被识别和实施 Preventive actions are identified and implemented
2.14	不合格项被识别和文件化 Non-conformities identified and documented
2.15	原因被识别并纠正措施已完成 Root-cause is identified and corrective action is implemented
2.16	承包商和 SABIC 发出 NCR 的百分比 Percentage of NCR issued by contractor vs. SABIC
2.17	重复违反 Repeat violations
3	施工质量 Quality of construction work
3.1	RFI(Request for Information) 接受百分比 Percentage of RFI accepted
3.2	空调和建筑物完成 HVAC and building finishing
3.3	土壤、混凝土、沥青测试和放置 Soil, concrete & asphalt testing and placement
3.4	每月手工焊接缺陷率低于 4% Manual weld Reject rate below 4% per month
3.5	PMI 已完成 Positive material Identification (PMI) implemented
3.6	管道、管件、法兰和公用工程压力测试 Piping, fittings, flanges & pressure testing-utilities
3.7	管道、管件、法兰和工艺管线压力测试 Piping, fittings, flanges & pressure testing-process and/or pipelines
3.8	阀门压力测试 Valve pressure tests
3.9	垫片和螺栓扭矩测试(对管线) Gasket installation & bolt torquing(piping)
3.10	油漆保温(总厚度、漏涂点、补涂、粘附力) Paint & coating (Total DFT, holiday, cure, adhesion)
3.11	电缆联接、测试和端点 Cable splicing, testing and termination
3.12	电缆或导线管密封 Conduit and/or cable sealing
3.13	管件结构联接点螺栓扭矩 Bolt Torquing of critical structural joints
3.14	安全阀校准、安装和铅封 Relief valves calibrated, installed and carsealed.
3.15	承包商未完成项百分率 Percentage of contractor generated punch list items
3.16	机械完工时“B”条款关闭率 Percentage of 'B' items closed at Mechanical Completion

3.3.5 项目和质量管理软件应用

可能时，可运用管理软件系统进行项目质量管理。SABIC 聚烯烃项目初始阶段，SSEC 和 AK 在联合出版一整套项目计划和程序的基础上，采用 AK 公司的管理软件 PEM(Project Execution Model)进行项目管理。PEM 系统中，针对 EPC 过程若干阶段，每个阶段设置若干扇“门”作为控制点，到达每扇“门”时，都规定出版的文件，达到的深度，运作流程、应做的检查，应填的表格等，分专业、按层次，采用电子系统控制，互相链接。同时，依靠强大的文档管理系统，可以有效支持项目执行过程。聚烯烃项目文档管理系统采用 Documentum 系统，更好地保证设计、采购、施工过程的文件和材料的衔接。

3.4 项目质量方针和质量目标

质量方针是项目质量的总纲领。在 ITB 文件中，业主对关键的质量目标一般有基本的要求，承包商在质量策划时，在满足业主基本的质量目标同时，确定其他过程的质量目标。当然，质量目标越高，质量成本将越高，当作为投标承诺时，一方面增加了中标的可能性，另一方面将增加项目质量成本，这和报价中的其他方面的取舍是一样的，需要权衡。

项目质量目标直接影响到项目资源投入、进度、费用等。项目中标后，还要通过仔细研究合同与 ITB 文件，和各有关方面沟通，进行项目质量策划，目标不能低于报价的承诺，对工程公司也要避免不必要的提高。但有时看似提高了目标加大了投入，但项目运行时会减少整体返工，从而有效保证工期，或者可降低后期开车和质保期风险，反而总体上是值得和赢得的。由于质量的损失一般立竿见影，而质量的效益却难以显著地预测，一般在权衡质量成本是否值得付出时，多考虑其对预防和纠正不符合所产生的作用，而其对过程和产品的符合所做出的贡献反而被忽略，但这恰恰是更重要的。

质量策划文件，包括项目质量目标，应得到承包商自身和业主的批准。根据项目情况，不同项目质量目标内容和量化数据各不相同，部分举例如下：

设计图纸合格率 100%；

采购的设备材料质量符合率 100%；

采购的设备材料开箱合格率不小于 95%；

工程质量监督覆盖率 100%；

程序执行到位率 100%；

项目最大返修率不超过 4%；

现场罐及压力容器制造，按焊缝计算，返修率不超过 1.5%；

生产装置(设施)一次投料试车(投用)成功率 100%；

保持低的质量返工费；

不合格报告和发现在规定时间内关闭；

保证施工分包单位满足项目质量要求；

对业主的信息反馈及时采取措施并跟踪。

3.5 项目质量管理组织机构和职责

EPC 的执行模式可以采取各种组合，EPC/EP/EC/PC 等，完整的工程总承包 EPC 的工作范围一般从详细工程设计开始到施工完成，即机械完工。目前，SEG 旗下各大工程公司和建设公司都各具特长，具有较强的工程实力，在采取怎样的承包模式方面值得进一步探讨和实践。根据顾客要求、项目所处地域和承包商经验等可采取多种承包模式，项目和质量管理组织机构也各有特点。

以设计为主导的 EPC 项目执行模式，对技术、费用、进度、质量的掌控和把握相比其他执行模式具有一定优势，目前无论在境内或境外，采用该模式进行投标和运行的 EPC 项目，都具有较强的竞争力，该模式经过实践，在工程领域特别是炼化工程领域，已经积累了一些经验。

项目质量管理组织机构和职责可作为项目策划的主要组成部分。图 3-2~图 3-6 所示为典型的炼化工程 EPC 项目质量管理组织机构图，该设置基于以设计型工程公司为项目执行主体，同时联合施工型企业或将施工业务分包给施工企业。目前该质量管理组织机构一般被应用于 SEG 工程企业独立或联合承接的 EPC 工程项目。如图所示，质量管理组织机构是项目管理组织机构不可分割的整体之一。

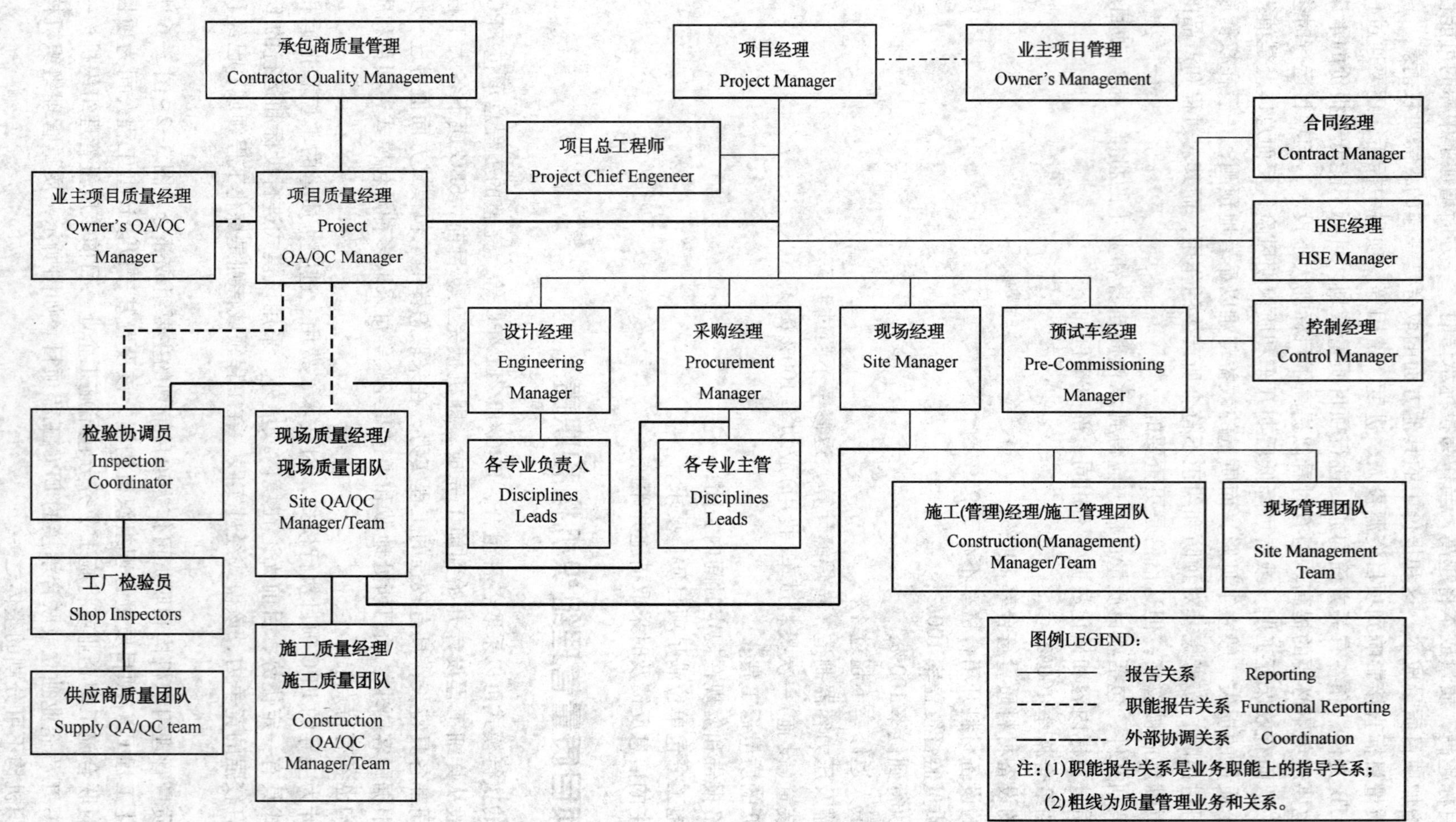

图3-2 典型的EPC项目质量管理组织机构图

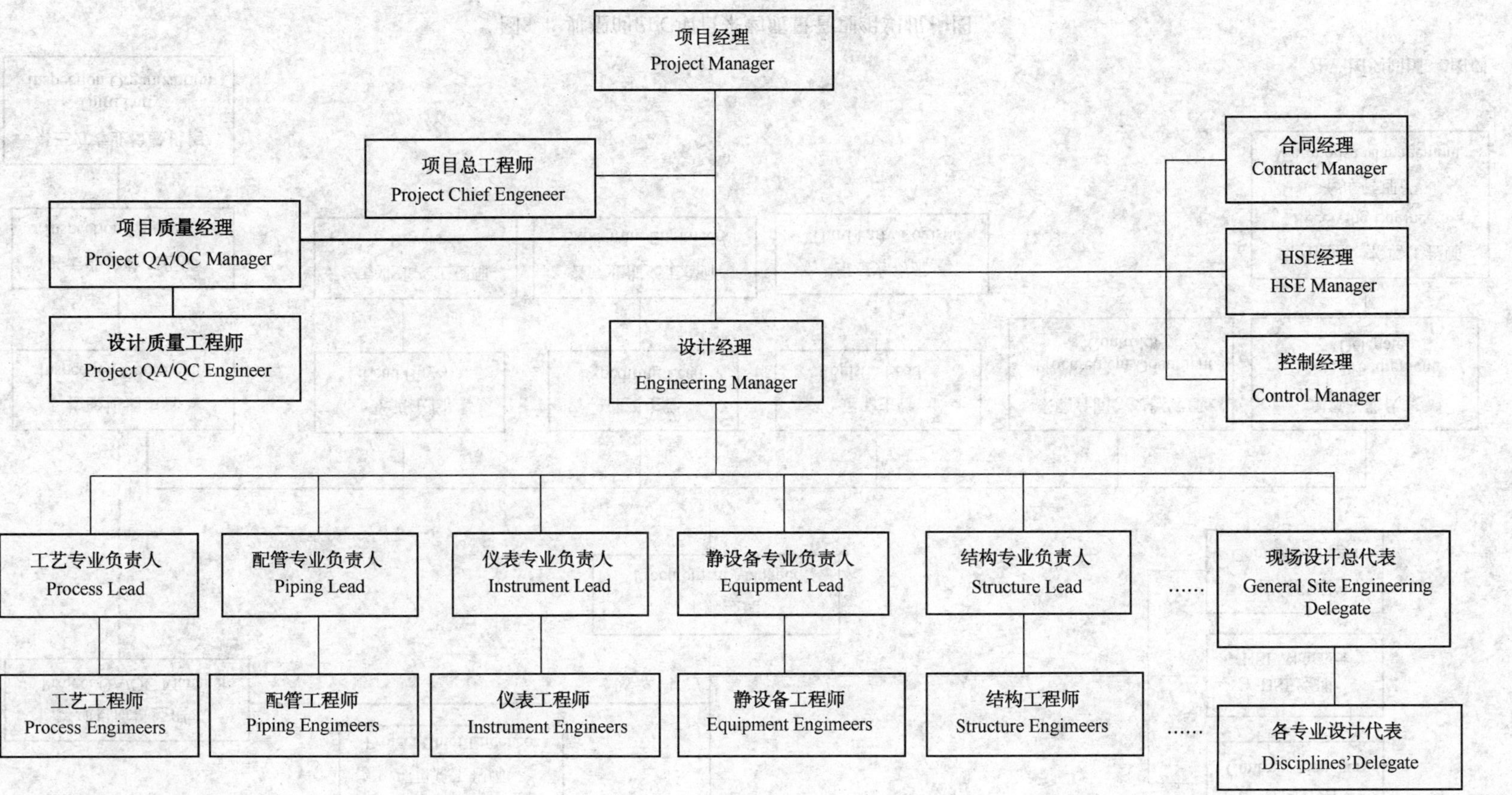

注：图例同图3-2图例

图3-3 典型的EPC项目设计质量管理组织

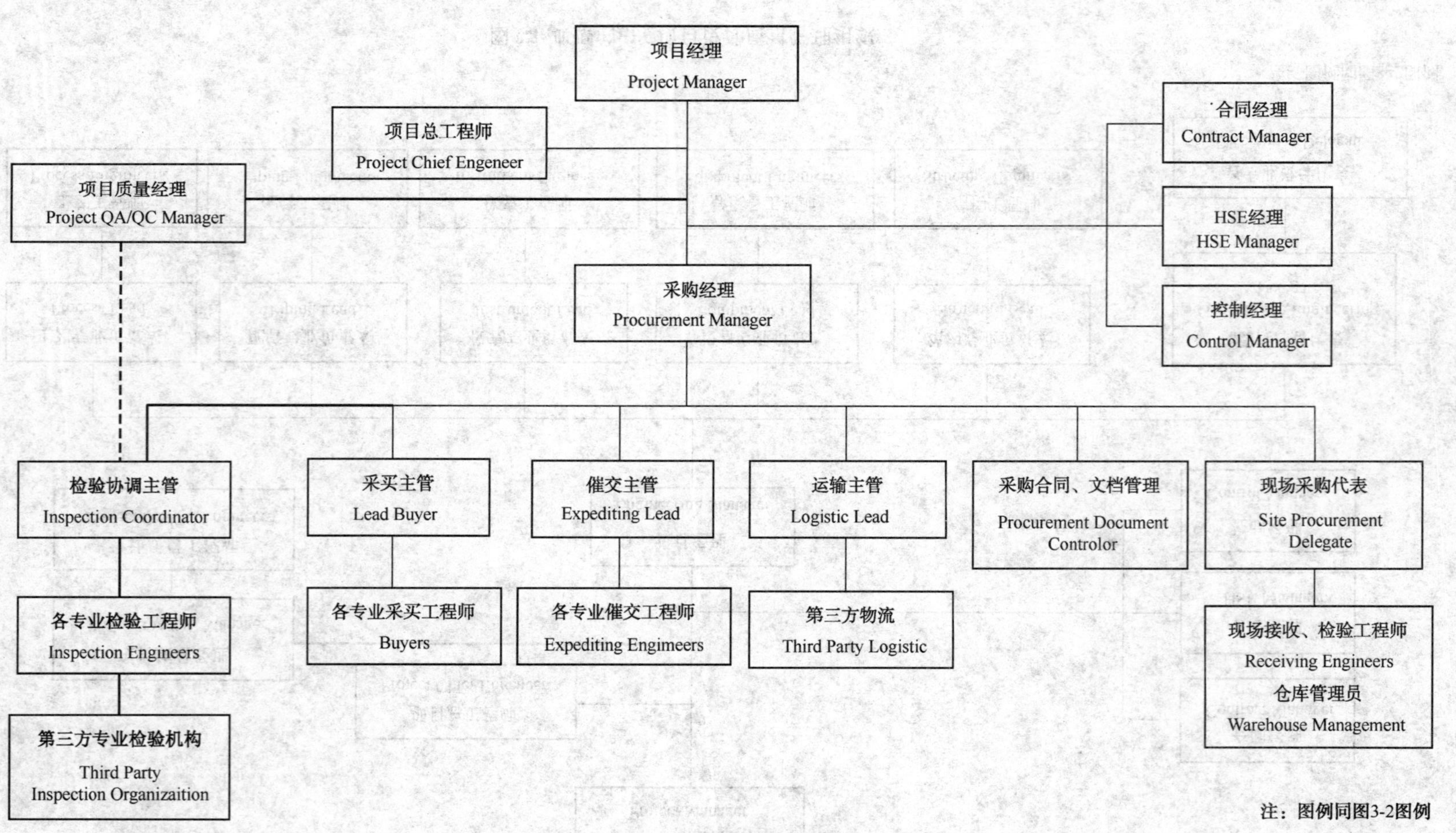

注：图例同图3-2图例

图3-4 典型的EPC项目采购质量管理组织机构图

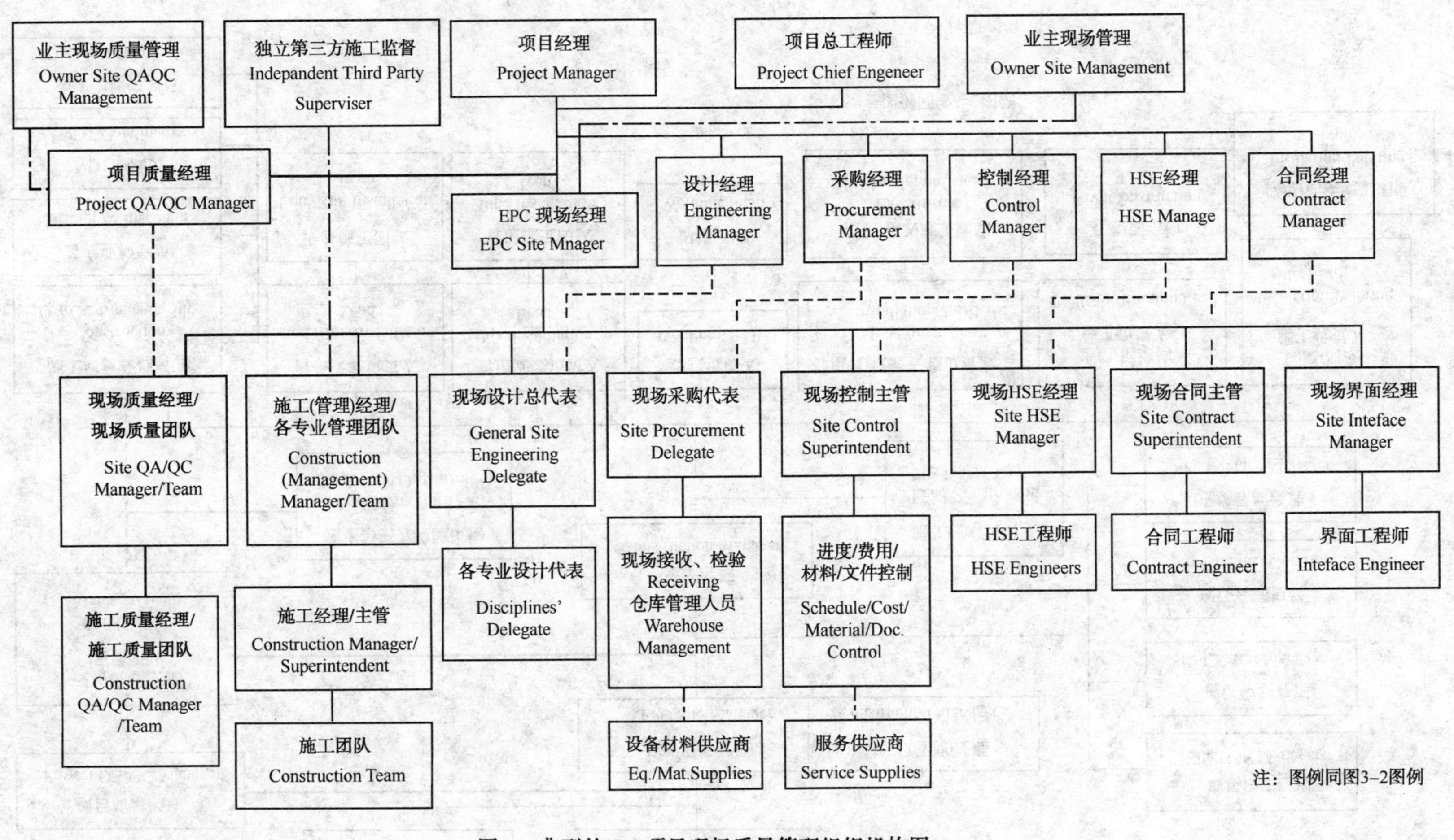

图3-5 典型的EPC项目现场质量管理组织机构图

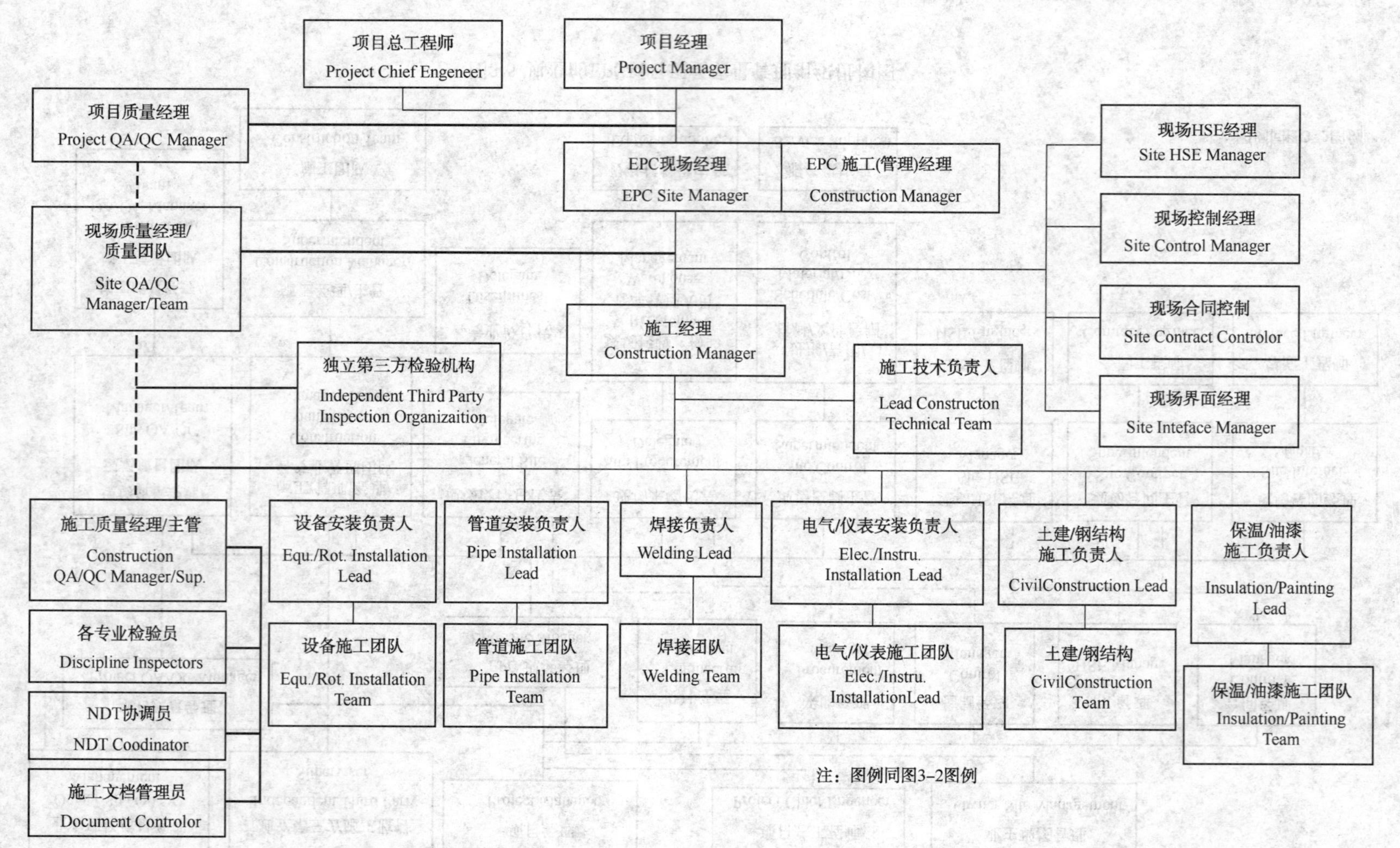

注：图例同图3-2图例

图3-6 典型的EPC项目施工质量管理组织机构

项目团队的组成既要体现八项质量管理原则中领导的作用，又要发挥八项原则中全员参与的作用。具有充分能力的项目经理和管理人员加上各司其职的执行团队，是项目成功的必要条件，也是保证质量的首要前提。

在境外项目中，业主一般要求质量管理团队独立于项目执行团队，采购检验和施工质量管理团队直接向项目质量经理报告，即其间的关系为实线。图 3-2~图 3-6 所示的各方报告关系仍然按照现有项目执行中的报告关系，随着境外项目的进一步开展和实践，可能需要渐渐过渡到采购检验和施工质量管理独立于采购、施工团队，向同样独立于项目团队的项目质量经理报告。

各主要岗位工作内容和职责：

(1) 项目经理

① 项目经理是承包商在工程项目中的授权代表，行使并承担工程合同中服务方的权利和义务，并全面组织、主持项目组的工作。

② 负责按合同规定的工作范围、内容和约定的建设工期、质量标准、投资限额全面完成项目建设任务。

③ 及时向承包商最高管理层和项目管理机构报告工作。

④ 对设计经理、采购经理、施工经理、质量经理/质量工程师及主要专业负责人的人选有权提出建议。

⑤ 代表承包商与顾客联系。在合同条款、承包商规定的范围内对承担工程的实施管理全面负责，并遵守所在国家和地区的各项法律和政策，维护承包商的信誉和利益，严格履行合同或协议。

⑥ 根据项目的工作内容和要求，通过承包商公司内部协商，组织项目组，决定项目组的组织机构和组织形式，提出项目组主要成员的建议，有效地开展项目工作。

⑦ 确定项目实施的基本工作方法和程序，组织编制项目计划，明确项目的总目标和阶段目标，进行目标分解使各项工作协调进行，确保项目建设按合同要求完成。

⑧ 拟定与顾客以及承包商内、外各协作部门和单位的协调程序，使项目高效、有序地进行运转。

⑨ 组织制定项目统一规定，指导设计、采购、施工以及质量管理、财务管理、行政管理等各项工作，对出现的问题及时采取有效措施进行处理。

⑩ 对项目的进度、费用进行定期检查，实行有效控制。应用 PMIS、P3 等项目管理软件，确定项目的工作分解结构(WBS)和组织分解结构(OBS)，运用赢得值原理进行费用/进度综合管理和控制。

⑪ 建立和完善项目组内部及对外信息管理系统，包括会议和报告制度，保证信息交流畅通。

⑫ 依据总承包及分承包合同，处理与顾客及分承包方在执行合同中的变更、纠纷、索赔、仲裁等事宜。

⑬ 定期向承包商领导和项目部汇报工程进展情况和项目实施中存在的重大问题，以便及时处理和解决。

⑭ 工程项目竣工后组织做好工程交接、试车校核、财务结算等工作，取得顾客对工程项目的正式验收文件。

⑮ 负责做好项目总结和文件、资料的整理归档工作。提出项目完工报告，参加项目回

访工作，总结成功的经验和失败的教训以及对今后工作的建议，为承包商积累有益的经验和资料。

⑯ 对项目组内部成员工作进行考核，并如实向所在部、室提出评价意见。

（2）项目总工程师

① 在项目经理和公司技术部门的领导下，主持项目技术工作。

② 对正确执行合同技术要求、项目技术标准、规范负责。

③ 关注项目策划中有关技术问题和主要技术人员的配备。

④ 组织审核项目输入输出文件、保证专利技术应用。

⑤ 组织编制项目技术规定。

⑥ 对设计总体工艺流程、总平面布置、项目技术资源配置、采购技术策略、施工技术等综合技术经济问题进行协调分析并作出决定。

⑦ 组织策划项目技术评审，主持评审项目关键技术原则、实施方案和重要技术措施。配合公司技术评审，根据需要参与专业、项目的技术评审。

⑧ 主持关键质量活动和分析、必要的专业技术培训及创优、评先等活动。

⑨ 主持解决关键技术问题，对有争议的技术问题与专业分工等提出建议。

⑩ 对交工产品和交工文件的技术符合性负责。

⑪ 搜集有关信息和数据，组织编写项目技术工作总结。

（3）项目质量经理

① 在项目经理、项目总工程师和承包商质量管理部门领导下，负责实施项目质量策划和开展项目质量管理工作。

② 负责监督检查项目组贯彻执行质量管理体系文件的情况，发现问题及时向项目经理提出，必要时向承包商管理部门报告。

③ 项目实施过程中发生不合格，质量经理应坚持按程序规定进行原因分析，制定纠正措施，以及跟踪验证其有效性。

④ 必要时配合和组织质量事故的质量分析会、分析事故原因，协调质量纠纷。

⑤ 负责收集项目的质量信息反馈，组织质量问题调查、整理，必要时传达到有关部门，或向管理部门报告。

⑥ 负责管理和解释顾客及有关方面的质量咨询和质量投拆。

⑦ 必要时，参与对合格供应厂商的考察和对重要的或关键设备、材料质量的检查验收。

⑧ 必要时，负责对分承包方质量管理体系进行审查。

⑨ 指导或负责对项目主要记录的整理、编目、立卷和归档。

⑩ 指导或负责项目竣工报检。

⑪ 搜集有关信息和数据，编写项目质量工作总结。

（4）合同经理

① 在项目经理、和承包商合同管理部门领导下，按照法律法规要求开展合同准备、洽谈、签约、管理工作，保证项目经营活动符合有关国家和地区的法律法规，对其他活动的法律法规符合性提出建议。

② 会同有关部门和专业人员进行业务承接、报价或编制标书、合同文件准备、洽谈、评审、签署、执行、检查和终止等经营活动。

③ 与顾客协调，了解顾客的要求，协同有关部门予以落实和解决；接受顾客的投诉并

转达有关部门，跟踪处理过程。

④ 对合同进行全过程的管理与跟踪，注意合同的及时关闭；协调合同的执行与价款的及时到账，配合项目经理做好与业主的沟通。

⑤ 根据承包商经营目标和策略，协调与其他分支机构、附属机构的经营活动。

⑥ 搜集有关信息和数据，编写项目合同工作总结。

(5) 控制经理

① 项目控制的职责包括项目进度、费用、文件、材料等控制；

② 与有关人员一起制定项目计划，制定“项目分解结构”；

③ 利用计算机，建立进度和费用控制系统；

④ 与有关人员协作，制定并随时调整工程进度计划；

⑤ 分析原始投资估算，编制并随时调整项目投资预算；

⑥ 收集、处理所有与工程进展有关的数据，从而了解整个项目进展情况；

⑦ 对实际进度和计划进度之间存在的任何偏差，若有必要，提出解决问题的办法；

⑧ 监督直接费用和间接费用，分析与预算的误差，把所有有关资料提交项目经理；

⑨ 与有关人员一起，参与工程变更的管理；

⑩ 按照项目需要和合同要求，定期提出项目报告；

⑪ 协助项目经理，就有关项目控制问题与业主联系；

⑫ 搜集有关信息和数据，编写项目控制工作总结。

(6) HSE(HSSE)经理

① 遵循承包商 HSE(HSSE)文件所规定的工作要求，对所承担的 HSE(HSSE)工作负责；

② 履行合同要求，确定 HSE(HSSE)管理目标，确保安全施工，对项目的 HSE(HSSE)负责；

③ 监督和管理承包商、供应商在合同范围内所进行的 HSE(HSSE)工作。取得内审员资格者，参加 HSE(HSSE)内审；

④ 对不符合 HSE(HSSE)规定的任务、指令、违章作业等行使劝阻、制止、责令停止的职权，直至向上级汇报；

⑤ 参与承包商项目范围内 HSE(HSSE)工作的检查、考核以及事故的调查和处理；

⑥ 建立项目 HSE(HSSE)体系，组织编制计划；

⑦ 贯彻执行各项有关 HSE(HSSE)的法律、法规、标准、规范和制度；

⑧ 支持分包商 HSE(HSSE)经理及施工管理人员行使 HSE(HSSE)监督，检查和督促检查工作；

⑨ 适时组织对项目的 HSE(HSSE)体系评审和协调；

⑩ 制定 HSE(HSSE)岗位职责；

⑪ 保证施工工作程序符合国家、地方政府、承包商的 HSE(HSSE)标准和规范；

⑫ 检查 HSE(HSSE)管理方面的偏差并下达指令予以纠正；

⑬ 主持项目的 HSE(HSSE)会议；

⑭ 搜集有关信息和数据，编写项目 HSE(HSSE)工作总结。

(7) 设计经理

① 在项目经理领导下，对工程设计的内容深度、完整性、统一性和工程设计控制程序的全过程负责。

② 负责对项目设计全过程进行质量和 HSE(HSSE) 管理。

③ 对工程的设计进度，工程基建投资概算的控制负责，召开有关专业会议，研究技术方案、布置和检查分管项目的有关工作，参与对工程项目设计综合质量的评定和设计抽查工作，对不符合要求的设计有权要求补充、修改直至返工。

④ 对工程项目的总平面布置、总体工艺流程、装备水平、综合技术经济指标和专业间协调，做出决定或提出处理意见。

⑤ 及时向项目经理及承包商有关管理部门报告工作，解决项目中遇到的问题。

⑥ 对主要专业负责人的人选有权提出建议，对外协助项目经理代表承包商处理工程设计的技术与业务问题，配合项目经理、经营部落实与甲方的合同条款执行。

⑦ 工程设计开始前，全面了解工程设计主要内容、各方精神及业主要求、会同承包商项目部、经营部及有关专业人员研究项目前期文件资料，如有需要，参加工程设计合同的签订工作。

⑧ 组织有关专业人员拟定调研提纲，开展调研工作，收集有关设计基础资料，落实设计任务的主要内容，编排各专业负责人提出并经认定的基础资料及外部条件总清单。

⑨ 组织各专业确定工程的设计标准、规范和重大设计原则与方案，组织有关专业人员对工艺流程、主要设备选型、厂房结构、仪器仪表水平、节能、环保、安全和消防、工业卫生、劳动保护等进行研究，并进行技术经济分析和方案比较，以确定总体设计方案和控制基建投资。

⑩ 编制项目设计计划，汇编本工程的“专业设计统一技术规定”，主持开工会议负责向本工程设计人员讲清工程意义、任务要求、设计依据、设计原则、设计进度、设计范围、内外协作关系，设计分工及设计注意事项等。开工前做到设计依据、设计基础资料、设计人员、设计进度和主要工艺设计方案“五落实”，并按照技术档案归档范围的规定要求，做好预立卷工作及各个设计阶段设计文件资料归档工作。

⑪ 按工程设计合同要求，在项目部、经营部有关部室的配合下，组织有关专业人员签署设计进度协作表，并负责检查、协调和督促实施，确保重点工程设计项目百分之百达到规定进度的要求。

⑫ 按期向采购部门提交采购必须的技术规格书和采购通知单，并要求采购部门及时返回制造厂的设备订货先期确认图和最终确认图。

⑬ 主持有关设计会议，如工艺发表会，P&ID 审核会。组织有关专业参加采购的厂商协调会。

⑭ 参与组织公司级中间审查会。

⑮ 组织详细设计综合会签，督促检查专业之间的会签。

⑯ 编制各设计阶段总说明，组织编制总概算和图纸总目录等设计文件及有关全厂性的章节设计说明。

⑰ 按照承包商有关规定要求，安装置组织专业设计人员做好设计成品的入库工作，并对设计成品的完整性、统一性负责。

⑱ 按照承包商有关规定参与组织设计复查、设计修改、设计交底工作，组织处理施工中的设计问题，并做好设计代表的现场管理工作；组织有关专业人员参加试车、投产、竣工验收、撰写设计完工报告、工程设计总结，参与组织设计回访。

（8）设计专业负责人

专业负责人须负责对所属专业的设计工作进行监管和总体安排。其主要职责如下：

① 负责研究和消化项目的规定和要求；

② 负责制定专业的设计统一规定；

③ 负责控制专业的设计质量、以及设计范围的完整性；

④ 负责规划和控制专业的设计进度；

⑤ 负责规划和控制专业的人力负荷；

⑥ 负责监控工作范围的变化，及时向设计经理汇报工作范围的变更；

⑦ 负责与其他专业的条件协调；

⑧ 负责与业主方对口专业人员的沟通。

(9) 现场设计总代表

① 代表设计经理在现场进行现场服务；

② 负责组织现场各专业设计代表处理施工中需要解决的设计问题；

③ 批准相应级别的设计变更；

④ 联络和协调本部和现场之间的设计工作；

⑤ 保持和现场经理、采购、施工经理以及项目管理和控制人员的协调。

(10) 设计质量工程师

① 在项目质量经理和设计经理领导下，负责设计质量工作。

② 负责监督检查设计贯彻执行质量管理体系文件的情况。

③ 按程序规定对设计中发生的不合格，制定纠正措施，跟踪验证其有效性。

④ 必要时配合和组织设计质量事故的质量分析会、分析事故原因，协调质量纠纷。

⑤ 负责收集设计质量信息反馈，组织质量问题调查、整理。

⑥ 必要时，负责对设计分承包方质量管理体系进行审查。

⑦ 指导或负责对项目设计记录的整理、编目、立卷和归档。

⑧ 编写设计质量工作总结。

注：当项目质量经理专业背景为施工和采购时，宜设本岗位。

(11) 专业工程师

专业工程师须按照专业设计统一规定开展设计，遵循项目制定的设计进度开展工作，并对所承担的设计工作的质量负责。

(12) 采购经理

① 在项目经理和采购部领导下，负责项目内设备、材料的采购、催货、验收、运输、接收等工作。全面完成采购工作的进度、质量、和费用目标。

② 负责对项目采购的全过程进行质量和 HSE(HSSE)管理。

③ 归口管理项目与供货厂商之间的工作联系。

④ 负责项目内部采购人员的管理。协调与项目设计、施工部门之间的工作关系。

⑤ 根据项目的主计划编制采购计划，明确工作范围、分工、采购原则、程序和方法。

⑥ 组织做好设备、材料的催交、设备检验、监制、运输及接收等工作，采购设备、材料质量文件的收集工作。关键工艺设备的验收，应组织有关专业设计负责人一起参加。

⑦ 逐月审查采购实际费用和采购进展和计划工程师，费用工程师配合，做好采购、进度费用控制。

⑧ 定期召开采购计划执行情况检查会，检查分析问题，研究处理措施，按月编制采购

情况报告，提交项目经理及有关部门。

⑨ 协助院有关部门处理有关的经济纠纷。

⑩ 搜集有关信息和数据，编写项目采购工作总结。

（13）检验协调主管

① 在采购经理的领导下，负责组织落实项目所有设备、材料的检验和监造工作，协助项目采购经理对项目采购设备和材料的质量全面负责。

② 协助采购经理归口管理项目采购与供应商之间检验阶段的工作联系。

③ 负责项目内部检验人员的管理。并负责协调项目内部与项目有关的设计以及采购采买、催交、运输、委托的专业检验机构以及业主等之间的工作关系。

④ 协助采购经理对项目检验全过程进行 HSE（HSSE）管理。

（14）采买主管

① 协助设计部门编制设备材料技术规格书，保证有效地进行设备材料采购，节省人力。

② 根据设计部门提供的请购单和采购技术规格书，选择合格的供货厂商，组织必要的供货厂商考察，编制供货厂商名单并报采购部主任批准，必要时需经顾客认可。

③ 负责编制设备、材料询价文件，审查设计人员提供的采购询价技术文件是否齐全，将技术、商务文件一起发往供货厂商进行询价。

④ 会同项目经理、设计经理，组织对厂商报价的技术、商务、综合评审，确定供货厂商。

⑤ 组织召开厂商协调会，并安排专人完成会议纪要。

⑥ 签订采购合同，督促厂商履行订货合同，按时提交先期确认图、最终确认图和设备、材料技术规格书。

（15）催交主管

① 在采购经理领导下，负责组织落实项目所有设备、材料的催交工作，协助项目采购经理对项目采购设备和材料的进度和费用支付负责。

② 协助采购经理归口管理项目采购与供应商之间催交阶段的工作联系。

③ 负责项目内部催交人员的管理。并负责协调项目内部与项目有关的设计以及采购采买、检验、运输等之间的工作关系。

④ 协助采购经理对项目催交全过程进行 HSE（HSSE）管理。

（16）运输主管

① 在采购经理的领导下，负责组织落实项目所有设备、材料的运输工作，对运输的进度和质量负责。

② 运输工作成本估算和控制。

③ 协助采购经理归口管理项目采购与供应商之间运输阶段的工作联系。

④ 负责项目内部运输人员的管理，并负责协调项目内部与采买、检验、运输等之间的工作关系，协调与供应商、现场接收、现场施工管理之间的工作，必要时协调业主与专业运输公司、报关公司等的工作。

⑤ 协助采购经理对项目运输全过程进行 HSE（HSSE）管理。

（17）采购合同文档管理

① 负责项目采购工作所有过程文件/资料的管理（包括整理、分类、登记、编号、保管

和归档等），包括采购询价文件、供应商报价、评价文件、报价澄清、供应商文件、采购变更单、会议记要以及采买、催交、检验、运输等过程的文件或质量记录，保证上述文件的完整、准确和有效性。

② 负责从项目文档接收设计提交的请购文件、技术评价书、技术协议书，经项目采购经理审核后登记按规定发放。

③ 负责从项目文档接收设计提交的供制造的设计文件和图纸、设计确认的供应商文件和图纸等，登记后按规定发放。

④ 负责从催交接收供应商提交的供设计审核确认的文件和图纸，登记后按规定发送项目文档并办理相关手续。

⑤ 负责采购合同文本的登记、汇编及保管，按规定将采购合同正本发送承包商项目财务或业主(根据项目要求)，并办理相关手续。

⑥ 负责采购合同的会签完毕的《付款通知单》及相关附件(包括发票、保函、收据等)的接收，全套复印后整理、登记编号汇编，原件提交承包商项目财务或业主(根据项目要求)，并办理相关手续。

⑦ 参加由项目采购经理召开的项目采购工作会议。

⑧ 项目结束后，协助项目采购经理做好项目采购资料归档工作。

(18) 现场采购代表

① 在项目经理或项目现场经理/采购经理领导下，全权负责接收、检验、处理和协调项目采购组采购的货物到达现场后的一切事宜。

② 组织现场设备材料开箱检验。

③ 执行并遵守施工现场各项纪律和制度。

④ 代表承包商项目采购组在现场参加业主、施工单位、监理单位等联合召开或单独召开的协调会，并签署会议纪要，对需要项目采购组进行处理的事宜及时通报项目采购经理和相关采购人员，并负责将处理结果通报相关部门。

⑤ 负责接收项目设计人员在现场签发的《设计变更单》和承包商项目现场管理人员签发的项目联络单，并及时将文件转发项目采购经理和相关采购人员进行处理。

⑥ 负责协调处理项目采购组采购的货物在现场安装调试过程中出现的问题，对需要相关采购人员或供应商到现场进行处理的情况，及时通知项目采购经理和相关采购人员，并负责供应商到现场后的协调工作。

(19) 采买工程师

① 在承包商采购部门、采买主管的领导下，负责所对口的设备、材料的采买工作，并对所承担的采买工作的质量、进度和费用负责。

② 在所承担的采买工作范围内归口管理项目采购与供应商之间的工作联系。

③ 在所承担的采买工作范围内，协调与设计以及催交、检验、运输等之间的工作关系。

④ 在所承担的采买工作范围内对采买全过程进行 HSE(HSSE)管理。

(20) 催交工程师

① 在承包商采购部门、催交主管的领导下，负责所对口的设备、材料的催交工作，包括合同、请购文件和技术协议等相关文件中规定需供应商提交的文件、资料的催交工作，并对所对口合同按约定进度完成和办理合同费用支付负责。

② 在催交工作范围内，归口管理项目采购与供应商之间的工作联系。

③ 在催交工作范围内，协调与设计/采买、检验、运输等之间的工作关系。

④ 在催交工作范围内对催交全过程进行 HSE(HSSE)管理。

(21) 检验工程师

① 在项目承包商采购部门、检验协调主管的领导下，负责所对口的设备、材料的检验和检验协调工作，对所对口的设备或材料的质量负责。

② 在检验工作范围内归口管理项目采购与供应商之间的工作联系。

③ 在检验工作范围内，协调与设计以及采买、催交、运输、委托的专业检验机构等之间的工作关系。

④ 在检验工作范围内对检验工作全过程进行 HSE(HSSE)管理。

(22) EPC 现场经理

① 在项目经理领导下，负责项目现场的设备制造、施工安装等的管理工作，负责工程项目施工质量、进度、安全文明施工、投资等相关的控制目标；

② 与项目现场业主、第三方监督机构等进行协调、沟通，对现场施工单位进行管理和指导；

③ 对现场安全、质量负责；

④ 负责制定项目现场制造及安装计划，并严格按照计划执行；

⑤ 及时与承包商本部沟通解决现场的问题；

⑥ 负责项目现场物资的接收，检验及管理；

⑦ 负责及时上报项目现场各类报表，收集整理项目相关资料。

⑧ 编制项目现场工作总金额。

(23) 现场质量经理

在项目现场经理的领导下，现场质量经理支持项目施工经理的工作，在职能上向项目质量经理报告。其工作主要如下：

① 出版现场质量管理计划；

② 编制现场质量报告；

③ 开展承包商和分包商的现场质量审核，编制审核报告；

④ 参加业主、项目、施工监督方的质量审核；

⑤ 组织审核施工程序、方案、ITP；

⑥ 设备/材料开箱检验管理；

⑦ 随时、随机施工质量抽查；

⑧ 组织现场质量会议，参加现场其他会议；

⑨ 管理 NCR；

⑩ 协调和现场其他经理的工作；

⑪ 协调质量控制工作；

⑫ 做好现场档案的建立和管理；

⑬ 审核焊工资质和焊接程序，审核焊接报告；

⑭ 审核 NDE 人员资质和程序。

(24) EPC 施工(管理)经理(由 EPC 总承包方派出)

① 在项目经理/现场经理和承包商施工管理部门的领导下，负责项目的建筑安装施工任务，全面保证施工进度、工程质量和施工费用。

② 负责对项目施工全过程进行质量和HSE(HSSE)管理。

③ 负责对分包商的协调监督和管理工作。

④ 重点负责现场施工管理工作，代表承包商协调与顾客、施工单位的关系，协调施工、设计、供应、财务等各方面的工作。

⑤ 在工程设计阶段，从施工角度对设计提出意见和要求。

⑥ 按工程建设总承包合同条款，核实并接受顾客提供的施工条件及资料：如坐标点、施工用水、施工用电交接点、临时设施用地、运输条件等。

⑦ 编制施工工作规划、施工统筹计划、年度计划、季度计划，明确施工范围、任务、施工组织方法，施工招标、投标原则、施工准备工作、施工质量和安全管理，施工费用控制数的原则和方法等，并经项目经理和项目进度计划、费用控制工程师审核、批准后执行。

⑧ 会同承包商项目管理部门进行施工招标和委托，拟定分包合同条款，参加签订合同。

⑨ 确定现场的施工组织系统和工作程序，商定现场各岗位负责人。负责管理现场的所有工作人员，根据工作需要，合理调配人员。

⑩ 指导施工程师，对施工现场的规划和布局及施工总体进行管理。

⑪ 检查各分包单位执行工程进度计划的措施。

⑫ 建立施工材料和工程设备供应情况的检查程序。

⑬ 建立工程费用检查系统，并向费用控制部门提供有关资料。

⑭ 审查施工单位施工计划，与各施工分包单位共同讨论有关施工方案、进度以及安全施工等问题。

⑮ 组织现场施工管理人员检查各施工单位是否按设计要求施工，监督检查现场库房管理工作。

⑯ 监督执行质量检查规程。

⑰ 安排竣工验收工作，组织竣工资料的编制，协助项目经理办理工程交接。

⑱ 试车校核阶段负责处理施工遗留问题，或根据合同要求进行技术服务。

⑲ 组织编写工程施工总结。

(25) 施工经理(由施工承包方派出)

① 施工经理是工程施工的总负责人，是质量的第一责任人，对工程施工质量负完全责任，负责组织建立项目质量保证体系，全面保证施工进度、工程质量和施工费用。

② 根据合同和设计技术文件要求，负责组织施工团队，实施施工策划，完成工程施工，保证工程产品符合要求。

③ 领导施工团队，对施工现场的规划和布局及施工负责。

④ 实施施工工作内外部协调，在所有活动中与工程师保持密切联系。调动有关资源实现优质产品。

⑤ 实施施工质量活动，主持质量奖罚工作。

⑥ 安排交工验收工作，编制交工资料，协助项目经理办理工程交接。

⑦ 配合预试车经理工作，预试车阶段负责处理施工遗留问题，或根据合同要求进行技术服务。

⑧ 搜集有关信息和数据，编写施工工作总结。

(26) 施工质量经理

① 领导组织质量政策、规范、标准、质量文件在项目工程的贯彻实施，全面负责施工QA/QC工作，组织施工QA/QC计划编制并审核；

② 负责提出项目QA/QC人员需求计划并负责人员的管理；

③ 负责组织项目工程综合性(跨专业)图纸汇审，负责组织对项目工程施工计划进行综合交底并组织施工计划在项目工程的贯彻实施，对施工计划贯彻实施遇到的问题负责组织提出修改意见并组织按原审批程序批准实施；

④ 负责施工技术方案措施的审批；负责重大与特殊施工技术方案、措施的校审；

⑤ 负责施工检查与检验计划(ITP)的审批；

⑥ 负责定期组织项目工艺纪律检查，有权停止违纪作业的行为，有权对违纪作业做出处置意见；

⑦ 负责施工对外对内的技术联络、协调，及时解决工程中遇到的重大技术问题；

⑧ 组织项目工程交(竣)工技术文件的编汇并负责综合性审核；

⑨ 检查指导施工质量主管的工作，对进入项目工程的系统内人员具有考核权、清退建议权及奖惩权；

⑩ 负责本项目承担的QA/QC进步项目的组织实施，负责组织施工质量总结编制。

(27) 施工质量主管

① 负责项目日常质量管理工作，检查指导专业工程师和资料员的管理工作；

② 编制施工QA/QC工作计划(必要时)、交(竣)工资料汇编提纲，负责交(竣)工资料的组卷归档，负责编汇综合卷交(竣)工QA/AC文件；

③ 协助施工质量经理对外对内QA/QC管理工作统筹安排与协调；

④ 协助组织编写施工QA/QC总结；

⑤ 负责施工QA/QC文件的编汇并校核，对QA/QC文件的编制及时性负责；

⑥ 负责施工检查与检验计划(ITP)的编汇并校核；

⑦ 参加施工QA/QC管理核查，对QA/QC文件及时性、交竣工资料的系统性、完整性、规范性负责；

⑧ 负责施工标准规范的使用管理，及时收集对规范的使用意见并上报。

(28) 各专业检验员/协调员

① 负责本专业施工检查与检验计划(ITP)的编制；

② 负责施工前的工序QA/QC交底；

③ 负责施工QA/QC措施、施工验收标准和有关QA/QC要求的贯彻实施，对严重违反QA/QC措施、QA/QC要求的作业人员或作业班组，有权停止其施工并及时向专业主管反映；

④ 参加对作业班组和作业人员的奖惩意见；

⑤ 负责施工过程的日常QA/QC管理工作；

⑥ 掌握施工动态，及时处理施工QA/QC问题，并填写好施工QA/QC日志。

注：不足之处：一般国际项目质量人员必须是专职人员，而境内的企业习惯做法是技术员和质检员是同一人，这样不利于现场质量监督的执行力，因为施工员/技术员兼职质检员属于既是运动员又是裁判。

(29) 施工文挡管理员

① 在施工质量经理领导下，负责项目工程图纸资料(含设计变更单、工程联络单)和项

目信件的收发，对收发台账的建立健全、收发正确及时负责，做好图纸开架标识和借阅工作，做到规范整洁、查阅方便；

② 负责项目工程的施工验收规范、标准、标准图集(册)的管理，建立健全借阅台账，准备项目工程需用规范、标准，满足施工需要；

③ 负责施工 QA/QC 文件的收发管理并扫描，建立健全管理台账、负责 QA/AC 文件的对内对外传递；

④ 熟悉 QA/QC 档案构成、组卷要求，按档案管理要求审核交、竣工资料构成及组卷是否符合要求，负责办理交(竣)工资料移交及工程档案的归档。

(30) 预试车经理

① 在项目经理领导下，负责项目预试车工作。组织由操作专家、工厂操作人员、技术人员和主管人员等组成的试车团队。

② 根据合同筹划和检查试车、模拟运行、初始启动、性能保证试验运行、编制交工报告并协助操作。

③ 筹划、要求并协调与供应商的工作。

④ 为后续试车工作确认预试车行为的完整性。

⑤ 在所有活动中与工程师保持密切联系。

⑥ 根据要求记录并检查测试结果。

⑦ 为工程交付提交所需的报告。

⑧ 搜集有关信息和数据，编写预试车工作总结。

3.6 界面和协调

对境外工程项目，业主经过国际化招标，中标人凭借其价格、经验、质量、地理、人脉、文化等优势而加入，成为相关方，为了一个共同的目标，在整个项目建设周期中互相协作和配合、牵涉和制约。这些相关方来自世界各地，主要组成有：各装置的 EPC 承包商、项目管理机构、专利商、分包商、供应商，再加上业主和政府管理部门。相关方之间的界面，除物理界面(装置的交界)，尤其复杂的是工作界面。

对承包商来说，界面一般指外部界面。承包商工作范围内装置之间的界面被称为内部界面不包括在内。承包商应建立界面管理组织机构，纳入工作程序，以保证在投标者工作范围内及其他承包商工作范围内设施间的一致性且无矛盾。

对物理界面，要列出界面详细表(Interface Detail Sheet)并动态管理；对工作界面要列出相关方及联络信息，保证协调通畅、高效。

界面间的协调，一般通过文件传递和召开各种会议实现。文件来往常用文件传送单、信函、通知书等，会议主要包括例会、协调会、评审会、澄清会等。

一些界面被列为为承包承包商的关键界面：逾期且影响工作的那些界面；如果不采取紧急措施，潜在影响工作的那些界面；有未解决的问题，需要更多的管理层的关注；没有进展的界面；这些界面的管理将起到推进项目的关键作用。

对工作界面，一般通过项目协调程序(Project Coordination Procedure)来界定各方的联系方式。某项目协调程序目录如下：

1 目的 Objective

2　语言 Language

3　各方定义 Difinitions of parties

4　项目机构 Project organization

5　商务联系 Contractual/commercial communication

6　正式联系 Formal communication

7　非正式联系 Informal communication

8　地址和关键联系人 Address and key personnel

9　项目邮箱 Project-mail box

10　信件管理 Correspondence administration

11　信件标题 Headings for correspondenc

12　信件编号、登记和保存 Correspondence numbering, registering and filing

13　会议纪要 Minutes of meetings

14　回应时间 Response time

附件 1　信件格式 Attachment—1 Letter Format

附件 2　会议纪要格式 Attachment—2 Minutes of Meeting Format

附件 3　文件传送单格式 Attachment—3 Document Transmittal Format

附件 4　技术询问格式 Attachment—4 Technical Query Format

对物理界面，某项目界面管理程序目录如下：

1　概述 General

2　项目界面管理组织机构图：Project interface management organization

3　项目界面管理程序 Project interface management procedure

3.1　界面标识 Interface identification

3.2　界面详细表 Interface detail sheets

3.3　接管方和供方 Receiver and supplier

3.4　界面编码系统 Interface numbering system

3.5　界面详细表的修改 Revision to interface detail sheet

3.6　关键界面 Critical interface

3.7　在界面详细表(IDS)上的注解 Notes on interface detail sheet (IDS)

3.8　承包商界面登记表(CIR)Contractor interface register (CIR)

3.9　报告 Reporting

3.10　界面协调会 Interface coordination meetings

3.11　计划进度 Schedules

3.7 标准和规范

1.4.2 节概述了相关技术标准及运用。在境外工程项目中，所在国家和地区都有各自的标准，同时每个企业，特别是规模较大的业主都有自己的业主标准体系。在项目策划文件中要明确定义适用的标准、标准适用范围、标准的版本以及不同标准的优先顺序。

炼化工程专业工程师经过多年的境外项目的实践，已对一些境外石油化工常用标准有所了解和应用，如 API、ASME、IEC 等，但面对日益增多的境外业务还远远不够。

境内承包商对欧美标准体系以外的标准还所知甚少，如哈萨克斯坦项目用到了许多当地标准，且很多标准还是俄语的，给项目执行带来很多困难和挑战。如，哈萨克斯坦项目爆炸危险区域划分按 IEC 60079—10(Classification of hazardous area)，根据 IEC 60079—10 的要求，需要加入“爆炸危险物释放源表”作为爆炸危险区域划分图的组成部分，且划分原则与境内标准的概念相差较大。

对一些标准及其具体条款的正确理解与否，将直接关系到项目的费用、进度、质量和安全，要确保报价时已经考虑，中标后准确应用。一些检验试验、施工验收等标准，都必须在 ITP 中明确，并实际应用。当合同与 ITB 文件中明确使用的业主规范时，各专业必须仔细研读和理解。

采用标准的版本必须予以重视，版本不同意味着要求有变化，一般新版本的要求会更高，从而对进度、费用、甚至质量产生一系列影响。应慎重对待标准版本的变化。FIDIC 银皮书合同通用条件 5.4 明确：除非另有说明，合同中提到的各项已公布的标准，应视为基准日期适用版本。如果在基准日期后技术标准和法规有新的标准生效，承包商应通知雇主，并(如适宜)提交遵守新标准的建议书。如果雇主确定需要遵守并且，遵守新标准的建议书构成一项变更时，雇主应按照合同通用条件第 13 条“变更和调整”的规定着手做出变更。这意味着，标准变更引起的工程变更应视为业主变更，在境外工程中被作为惯例。作为承包商，一旦面临基准日之后标准变更的情况，必须立即通知业主，并按项目变更程序准备变更文件，取得业主确认，以避免陷入损失工时和费用却无法索赔的被动局面。

搜集、学习、应用国际标准的工作任重道远。一些国际常用标准和出版机构见“附件 3 炼化工程常用国际化标准出版机构一览表”。

3.8 文档管理

3.8.1 文档管理的必要性

当工程建设规模增大，复杂程度增加，修改次数增多，输入和输出文档的数量、次数呈不断增多态势，同时产生大量的中间过程文档，其过程复杂程度已表现为耗费大量人力和物力资源才能有效控制和追溯的状况。

有效采用文档管理系统，对工程项目信息处理手段的改进是飞跃性和革命性的。在整个项目的生命周期内，配备合理数量的文档控制人员，按照要求进行文档管理，保证输入输出文档的追溯、查询、应用、保密、保存等需求将得到满足。采用系统文档管理方法，可大量节约有经验的专业工程师的劳动，节约项目成本和管理成本，提高项目质量和效益。

对于境外项目，为了各方责任判定和可追溯需要，对文档形成和交付的高质量要求更为迫切，借助可靠的文档管理体系，承包商可以证明自己已按要求完成工作，从而在项目的建设周期，甚至在工程交付之后，有效保护自己。

3.8.2 境外项目文件交付要求

境外项目的文件交付(Documentation Handover)在合同附件或 ITB 中有详细规定。某项目的设计文件(Engineering Document Data Books)交付要求条款如下：

目的和范围、文件质量、文件结构(包括竣工图)、文件完成时间、分包商/供应商文件、文件格式(包括硬拷贝和电子文件)，等。

除了设计文件，EPC过程的其他文件也有详细的交付要求，包括采购、施工文件、质量管理和项目控制过程形成的文件。对一些交付文件，还会有语言要求，如哈萨克斯坦项目要求供应商的部分交付文件必须有英俄双语版。

3.8.3 项目文档管理程序介绍

某项目文档控制程序条款如下：

目的/定义/范围、文件控制管理、电子文件管理系统、文件编号版次规定、文件登记、文件分配、工程文件、文件传送、分包商文件和供应商项目文件、项目文件归档、交付、审核方法、文件综合会审、顾客审核等。

对照文件交付的要求，可以发现，文件控制程序规定的对文件控制的要求，是为了通过控制文件形成的过程，最终满足文件交付要求。

3.8.4 多方参与项目时，各方文件协调要求，业主对文件批准要求

"3.6界面和协调"中介绍了界面和协调，一些界面和协调需要通过规定文件来往的方法来实现。根据文件交付一览表(Deliverable List)，规定各类文件的编号、编制、审批、审批时间、传送方式、分配等要求。

3.8.5 文件编号和版次规定

控制文件编号的目的是保证文件的唯一性标识，在电子文件管理系统被广泛应用的现在尤为重要。

文件编号规则要在项目策划时确定，业主由于业主企业长期生产和管理一般自有一套文件编号系统；专利商的技术文件已经带有编号系统；承包商为了便于项目管理，往往需要有自己的文件编号系统，还有分包商、供应商的文件编号也需要规定。一般可以通过协调，一个文件可以采用双文件号系统，不宜再多。

当有多个专利商而业主在前期没有充分协调的时候，或者承包商有多个分包商、供应商，特别是有设计分包商存在时，当协调不充分时，技术文件的编号系统会发生不一致。不管采取任何系统，以保证文件编号的唯一性为最低准则。

设计和采购阶段，同一文件在不同阶段会多次出版，项目应有文件版次规定。一般列出所有文件类型，确定文件大类编号，分阶段规定版次号，需要时确定文件重要性等级以及审批要求等。

3.8.6 文件分配

出版文件分配表(Document Distribution Matrix)是对文件进行系统分类和管理的有效方法。承包商的文件分配表中的文件包括项目内部流转文件和交付的文件(交付文件未交付前需要内部流转)。

3.8.7 电子文档和文档管理软件

目前，各境外项目采用的文档管理系统主要有 Documentum，Smartplant Foundation 等。除了电子文件管理系统，项目的网络公共盘可方便地作为项目文件储存、分享之用。

电子文档系统可保存有关过程文件，包括各种界面的来往文件，会议纪要，报告、图纸、文本、统一规定、项目计划、信函评标文件、分包商文件、变更、合同、检查记录、专利商文件等，并供相关人员下载和查询。

3.9 材料控制

境外项目由于一般按照国际标准设计，供应商来自于全球，材料控制的难度和工作量很大。一般境外项目需要出版材料控制程序，并应用计算机系统。

在项目实施过程中，要做好项目内各部门之间的协调工作，如工程设计与采购，能否按时提出合格的请购单对搞好采购有重要意义；采购与施工，材料能否按时顺利交货到现场，满足施工的需求是采购与施工能相互配合好的一个前提，要实行全过程的控制、协调，进行全过程的信息和资料跟踪，以使材料控制按计划的轨道在允许的偏差内运行。

项目材料控制是一个综合管理系统，涉及设计、采购、施工管理、材料库房及施工分包商、业主等有关方面。项目材料控制系统的组成如图 3-7 所示。

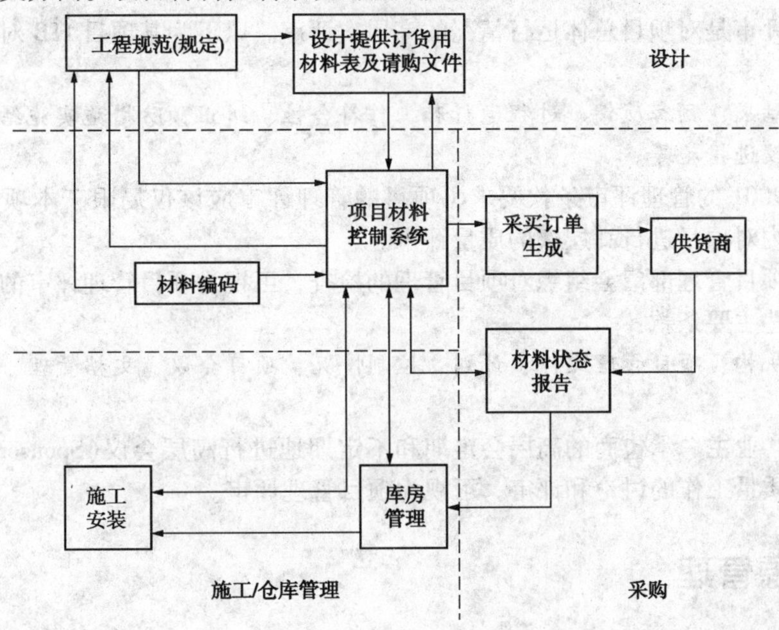

图 3-7 材料控制系统的组成示意图

3.10 项目 HSE(HSSE)、合同、进度和相关控制

与质量管理和控制相协调，境外 EPC 项目一般配置专门的 HSE(HSSE)、合同、进度和费用等控制团队，按照有关要求、采取相应方法，对项目过程实施控制。这些控制贯穿于项目的全过程，互相支持和制约，项目经理根据合同要求，运用项目管理知识和方法，协调和

平衡各项控制，保证项目按照要求合理实现。

HSE(HSSE)管理见本丛书之《境外炼化工程 HSSE 管理》一书。

在通晓工程业务的基础上，境外项目合同管理和控制需要具备丰富的法律知识，在复杂和变化的国际商业环境中融会贯通，通过合同洽谈、签约以及工程全过程的沟通来协调承包商和其相关方的合法利益。

对进度和费用控制，在策划时要确定控制的方法，采用的软件等，过程控制手段不仅仅是出版、更新计划和报告，关键是根据项目特点，采用一定的控制方法，如优化操作流程，合理配备有经验的工程师，协调各专业人工时投入，合理调动资源，有效纠正进度迟滞，费用偏差，及时发出预警等，从而保证项目进展。

八项管理原则中第五项原则，管理的系统方法，强调了“识别、理解和管理作为体系的相互关联的过程，有助于组织实现其目标的效率和有效性。”项目管理控制的综合平衡是该原则的具体实践。1.5.3(3)节描述了管理的协调和相容。

项目各项控制保证了项目协调和平衡推进，最终目的是给业主提供合格的工程产品，为社会做出贡献和承担责任，对环境保持友好，使承包商和相关方获得业绩与合理利润，让员工从中受益。

3.11 项目管理评审

项目管理评审是对项目总体运行情况的高层次评审。以下为某项目 ITB 对管理评审输入的要求：

质量审核结果、顾客反馈、过程运行和工作符合性、纠正预防措施实施结果、可能影响质量的变更、改进措施等。

相对 ISO 9001 的管理评审条款要求，项目的管理评审应该仅局限于本项目范围，在规定的间隔时间内对项目进行高层次的质量评审。

工程公司项目管理部门会组织对项目管理的检查，可视为项目管理评审的一种形式。以下为检查的一些主要条款：

项目组织机构、项目管理文件、计划、控制情况、项目会议、文档管理、合同管理、IT 管理等。

境外项目，业主、承包商的高层会定期和不定期地进行高层会议(Sponsor 会议)，高层会议中对项目质量工作的讨论和评审，可视为项目管理评审。

3.12 资源管理

3.12.1 项目人员应具备相应能力

几乎所有境外项目业主都提出了对承包商人员的严格要求。以下为某项目 ITB 文件提出明确要求承包商在项目各阶段需设置的质量岗位人员：

(1)工程的所有阶段

QA 经理以及质量工程师。

(2)设计和采购阶段

采购 QC 经理以及，供应商检验员、焊接和 NDT 人员、热处理检验员、机械检验员、PMI 检验员、保温油漆检验员、HVAC 检验员、电气检验员、仪表检验员、动设备检验员。

(3)施工和预试车阶段

施工质量控制经理以及，施工质量控制工程师、质量控制检验员、焊接检验员、车间和设备检验员、热处理检测、PMI 检验员、土建检验员、保温油漆检验员、铅垂检验员、HVAC 检验员、电气检验员、通信检验员、仪表检验员、阴极保护检验员、NDT 人员、X 射线读片员。

例如焊接和 NDT 人员的要求为：

须拥有美国焊接协会 CWI 资质，CSWIP3. 1 注册焊接员资质或者其他批准的等同资质。在工程执行中，要求检测员需要拥有包括 ASME B31. 3，31. 4 和 31. 8，ASME 第Ⅴ和第Ⅸ部分，API 620 和 650，AWS D1. 1 等规范的相关知识和学习背景证明。当项目进行无损检测部分并要求检测员保证无损检测的过程和结果时，检测员必须能够保证按照至少为 ASNT 2 级的标准进行相关检测方法。工程中在 VT，MT，PT，RT 或者 UT 部分进行无损检测时，检测员需要运用特殊的方法。当工程中运用到 X 光检测(RTIP)时，检测员必须有 RTFI 的资质。

仪表检验员的要求为：

须具有 3 年以上现场仪表和控制系统工作经验并附证明。必须熟悉关于本安系统和使用仪器电气系统的国际工业标准，至少包括：ISA RP12. 6，ISA RP12. 2. 02，ISA TR12，ANSI MC96. 1，IEEE518，IEEE1100，IEC 60529，NEMA ICS 6，NEMA 250，NEMA VE 1，NEMA VE 2，NFPA 70/NEC 和 UL94。检测员须能够检测回路是否完整，配线是否连贯，标识，启动情况，发现并解决问题。当需要时，检测员需要能够进行工厂接收测试，并具有相关工艺包单元内包括基础过程控制系统(BPCS)，一体化过程控制系统，机械保护系统(PMS)和安全仪表系统(SIS)中使用仪器的国际规范和标准知识。

为了让项目人员具备能力，并且提供证明，需要安排相应的培训和考试；达到能力方能从事项目有关工作。境外项目的人力资源需求对境内工程公司人力资源管理提出了极大的挑战。

3.12.2 项目采用计算机软硬件

境外项目的 IT 布局要求和境内项目差异不大，但由于地处遥远，各个地区的通信和服务水平不尽相同的情况下，保持 IT 服务的正常、周到、经济合理尤其重要。就执行过的一些项目的 IT 配置，一般有如下软硬件系统。

硬件服务：

现场局域网、广域网及远程访问、服务器、视频会议、应用系统、文件服务、打印服务、电子邮件、工程设计集成系统、电子文档系统等。

专业软件典型配置：

软件名称	专业
Smartplant P&ID	工艺
Smartplant Review	配管
Caesar Ⅱ	配管
PDMS/PDS	配管

Smartplant 3D	配管
Smartplant Electric	电气
Staad Pro	结构
Smartplant Instrumentations(INTOOLS)	仪表
Marian	材料管理
Documentum	文档管理
Smartplant Foundation	工程设计集成及管理平台

3.12.3 办公设施、施工设施

境外项目的办公设和生活设施除了提供足够的使用功能外，还需要考虑境外安全、当地风俗以及紧急医疗卫生。

一般境外办和生活场所须经各方考察后确定，根据《中国石化境外 HSSE 管理规定》，赴境外人员都必须通过境外公共安全培训并保持记录，赴境外人员都必须得到成员须知手册。

施工设施管理见“第 6 章现场和施工质量管理”。

3.13 变更管理

3.13.1 变更类型和变更管理的重要性

承包合同的范围、内容、执行标准、当地法律法规、不可预见的社会、自然因素和工程外部环境变化等引起的变更，一般视为业主变更；而承包商本身工作方法、工作误差和改变引起的变更是承包商内部变更。变更直接影响到项目费用和进度，业主变是承包商索赔的依据，境外工程无一例外地需要对变更进行严格的程序化管理。

应慎重对待标准版本的变化引起的变更。FIDIC 银皮书合同通用条件 5.4 明确：除非另有说明，合同中提到的各项已公布的标准，应视为基准日期适用版本。如果在基准日期后技术标准和法规有新的标准生效，承包商应通知雇主，并(如适宜)提交遵守新标准的建议书。如果雇主确定需要遵守并且，遵守新标准的建议书构成一项变更时，雇主应按照合同通用条件第 13 条“变更和调整”的规定着手做出变更。这意味着，标准变更引起的工程变更应视为业主变更，在境外工程中被作为惯例。作为承包商，一旦面临基准日之后标准变更的情况，必须立即通知业主，并按项目变更程序准备变更文件，取得业主确认，以避免陷入损失工时和费用却无法索赔的被动局面。

根据情况，要注意变更处理的紧迫性，工程中有产生紧急变更的情况，同样，一旦变更确立，必须立即通知所有相关层面，并跟踪采取措施的协调性。

在实际工程中，工程变更产生机理及表现形式呈现多样化，这就形成工程变更处理的复杂性，承包商应首先应识别不同种类的变更，通过采取不同控制方法，设定不同的变更处理程序及不同的审批权限，有效地控制工程变更。

3.13.2 变更管理程序概述

某境外合同对变更的条款如下：

在业主或承包商提议变更的情形下，如果业主与承包商对于承包商按照合同条款第 XX

条所规定所提供书面方案中所涉及的所有事项，均已达成一致，则业主可签发变更单，使上述变更生效(“变更单”)。上述变更单中应当包括如下内容：有关变更的详细说明，以及对控制预算或价格(视情况而定)、完工时间、开车准备就绪时间及/或初步验收时间所做调整，并且应由业主和承包商共同签署。上述变更应自签署之时起构成工程的组成部分。

某变更控制程序的业主变更的控制流程如图 3-8 所示。

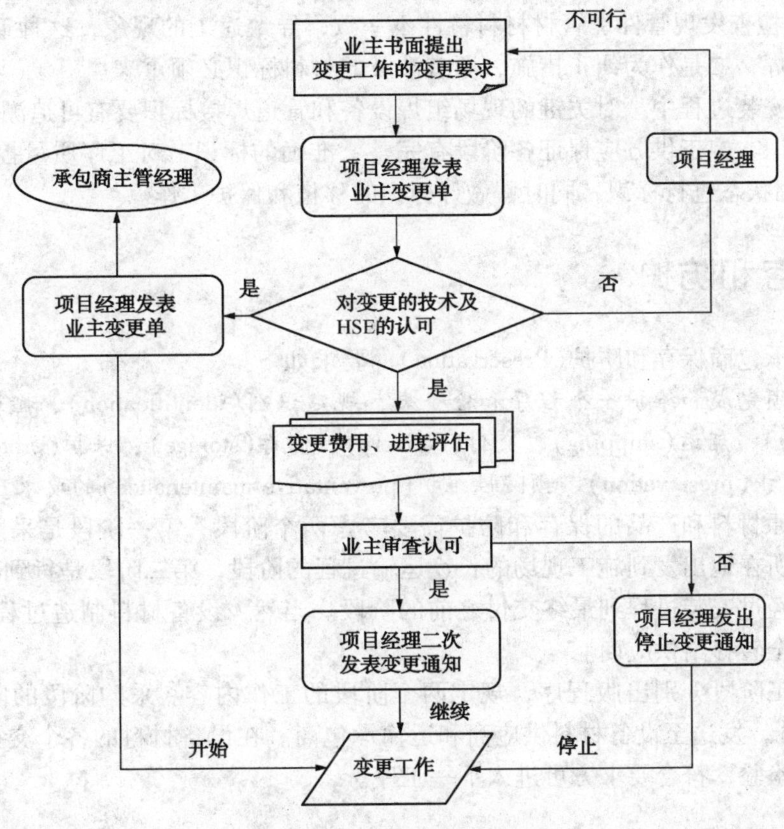

图 3-8　业主变更一般流程

当业主不同意，通常项目经理则取消此变更。如项目经理认为不能取消，则向用业主发出备忘录，并将此变更作为项目内部变更处理。

项目内部变更是由于承包方的原因引起的变更，其控制流程除业主批准外，与业主变更相似。项目内部变更将导致承包商费用和进度的损失，承包商内部需要设置变更审批权限对内部变更进行严格控制。

3.14　标识和可追溯性

标识是对原材料和产品的特性、状态、唯一性进行标识，以保持其可追溯性。

按照文件控制程序和规定，在设计成品(文件、图纸)设有专用标题栏及标注栏中，对工程名称、工程代号、设计阶段、验证状态、图号、文件号、工程出图专用章等进行标识，保证其唯一性与具有可追溯性。

材料色标规定被用于标识工程材料的特性(Characteristic)，要求覆盖所有材料、零部件和组成部分。色标规定一般可在管道材料和有关的 MR 中作为附件，发给供应商，在供应商发货时，还应由采购检验人员根据色标规定进行检验，符合要求方可放行，货到现场还要由现场检验人员进行现场检验，符合要求方可入库。色标规定要尽早发至现场施工团队，现场的所有管道材料都应符合同样的色标要求。

境外项目由于国际化采购，供应商来自全球，现场劳动力成本较高，在项目设计和采购工作开始的早期，及早出版色标规定，以避免货到现场或现场时材料难以区分特性和种类，施工时经 PMI 检查发现管件、管材材料特性不一致，导致返工的现象，这种返工是双重的，一是管道的重焊，二是作为纠正措施，所有涉及的材料标识必须重来。

在施工和安装过程中，对关键的现场组焊设备和管道焊接标识要有可追溯性，必要时做出检验状态标识。施工供方应保证各阶段有完整、准确的标识，对工序质量控制点(包括隐蔽工程)的检测状态进行标识，同时，做好标识的移植和保护工作。

3.15 保存和防护

某 ITB 对承包商保存和防护(Preservation)的要求如下：

承包商必须完成和维护一个程序和检查表，规定识别(identification)、搬运(handling)、包装(packaging)、船运(shipping)、交付(delivery)、储存(storage)、保护(protection)、清洁(cleaning)、防护(preservation)、预防性维护(preventative maintenance)的要求。

承包商对原材料和产品的保存和防护需要考虑两个阶段，第一阶段是采购的设备和材料，从供应商所在地出发到施工现场的长途运输过程的阶段，第二阶段是货到现场后施工方开箱接受后，经过安装过程到最终交付之前的阶段。当然，设备材料制造过程也需要防护，但此责任已完全转移给供应商。

采购和施工阶段分别出版程序，规定两个阶段的工作内容。采购阶段的防护要求作为 MR 的组成部分，发送至设备材料供应商和运输承包商。在设备材料的各个交接点，检验人员对防护进行检验，符合要求方可进入下一工序。

3.16 顾客财产

识别、验证、保护和维护供其使用或构成产品一部分的顾客财产。若顾客财产发生丢失、损坏或发现不适用的情况时，应报告顾客，并保持记录。

顾客提供文件、资料作为项目文件和设计输入，顾客提供的设计文件和资料包括：地形图、地质勘察报告、水文资料、专利工作包及其他设计依据的文件，经项目(设计)经理或专业工程师验证，由项目文档控制工程师登记，受控分发使用。顾客的知识产权，保密文件和资料按照保密协议的规定管理。

3.17 质量审核和检查

3.17.1 质量审核和检查

审核和检查有交集也有侧重。两者都需要通过专业人员进行对活动的观察、面谈和文件评审的方法，必要时配以技术措施对当前情况进行了解、分析和判断。项目审核的目的是验证质量活动和有关结果是否符合质量策划的安排(见“3.3 项目质量计划”)，是否持续符合质量管理体系规定要求，确定项目质量管理体系是否有效运行；检查的目的是了解项目运行状况，发现是否存在事实上或潜在不符合要求的情况。对审核和检查的正面发现，要适当进行表扬和宣传，以发挥榜样示范作用；对负面发现，即不符合或偏差，应提出采取纠正或纠正预防措施的要求，以达到保持项目运行动态地符合要求的目的。

审核和检查原则：对审核和检查而言，诚信、正直和谨慎是最基本的，真实、准确地发现并报告，结论和报告应真实和准确地反映项目实施活动，反映审核检查过程中遇到的重大障碍以及各方之间没有解决的分歧意见。审核和检查员应具备能力和责任心，独立于受审核和检查的活动，保持客观，保证发现和结论建立在证据和事实基础上。由于审核和检查是在有限的时间内并在有限的资源条件下进行的，因此审核和检查的证据是建立在可获得信息的样本的基础上，抽样的合理性与结论的可信性密切相关。

审核和检查之后，宜开展课题研究或宣讲活动，见“3.23 质量改进”。

3.17.2 项目内部质量审核

审核的优点在于计划性、系统性，一般还具有完整性。ISO 9001 和相关法律法规、业主标准、承包商标准等都应做为审核依据，一些 ITB 要求审核的过程必须按照 GB/T 19011—2012(ISO 19011：2011)《管理体系审核指南》(Guidelines for Auditing Management Systems)开展。

审核策划：编制审核计划，确定审核组长、审核员、审核准则、范围、具体时间、方法；

现场审核：首次会、末次会、现场审核和记录、对不符合要求的活动开出不合格报告；

输出审核结果：出版内部质量审核报告，必要时包括 NCR；

纠正和预防：通过内部审核，当发现活动未能达到所策划的结果时，应采取适当的纠正和纠正措施，以确保过程的符合性。当发现不合格品时，适用“不合格品控制”要求进行控制。跟踪验证结果。

项目总的审核计划要求根据工作日历安排，每次审核前还需要出版本次审核的审核计划。审核中有发现和要求出现偏差的问题要作为发现(Finding)记录下来，一些发现需要发出不合格报告，一些需要采取纠正预防措施，所有出现偏差的地方都需要在规定时间内由有关责任方纠正，对纠正的情况要追踪。

设计质量审核计划包括在项目质量审核计划(Project Quality Audit Plan)中。应包括对设计阶段性的审核数量和频次，一般在基础设计和详细设计阶段各做一次审核，如果没有基础设计阶段，在详细设计初始(30%，设计策划)阶段和中间(60%，采购工作已开始)阶段各做一次审核，施工阶段应安排 1~2 次质量审核，时机为施工中间和机械完工前。如果资源允许，施工开始的策划阶段也应该安排一次。

具体安排可在表 3-4 中体现，发现问题汇总表示例见表 3-5。

审核结果形成审核报告出版，追踪问题关闭，最终情况提交项目管理评审。

3.17.3 项目内部质量检查

项目质量检查的优点在于针对性、灵活性。检查依据一般采用有关法律法规、业主和承包商技术标准等。可以全面检查，也可以就一个局部、专业或某时间点开展检查；可以预先通知被检查方，也可以随机，如对偏远的施工现场或设备制造工厂实施“飞行检查”。

表 3-4　项目质量审核安排表 Project Quality Audit Schedule

No.	活动 Activity	2012									2013												2014												2015						
		A	M	J	J	A	S	O	N	D	J	F	M	A	M	J	J	A	S	O	N	D	J	F	M	A	M	J	J	A	S	O	N	D	J	F	M	A	M	J	J
项目管理 Project Management																																									
1	项目管理 Project Management							*											*													*						*			
2	文件控制 Document Control							*											*													*						*			
设计 Engineering																																									
1	工艺 Process							*																																	
2	设备机械 Mechanical							*																																	
3	土建 Civil/Structure							*																																	
4	建筑 Architecture							*																																	
5	配管 Piping							*																																	
6	电气 Electrical							*																																	
7	仪表 Instrument							*																																	
采购 Procurement																																									
1	采买 Purcharsing							*											*													*									
2	检验 Inspection							*											*													*									
3	现场接收和服务 Field Receiving and Service																															*						*			
施工包括分包商 Construction (including subcontractor)																																									
1	文件控制 Document Control																		*													*						*			
2	设计服务 Field Engineering																		*													*									
3	检验试验 Inspection and Test																		*													*									
3	现场材料 Field Material Control																		*													*									
4	土建 Civil/Structure																		*													*									
5	建筑 Architecture																		*													*									
6	设备机械 Mechanical																		*													*									
7	配管 Piping																		*													*									
8	电气 Electrical																		*													*									
9	仪表 Instrument																		*													*									
10	油漆 Painting																															*						*			
11	保温 Insulation																																					*			

图例 Legend：＊审核点 audit point

表 3-5　某项目质量审核检查发现示例

<table>
<tr><td colspan="3">项目名称　项目号
XXXX Project</td><td colspan="2">问题纠正计划及状态
Corrective Action Plan and Status of Findings</td><td>审核名称
Audit 1 60% of XXX</td></tr>
<tr><td colspan="3">受审部门 Audited Organization：</td><td colspan="2">地点 Place：</td><td>页数 Page 1 of XX</td></tr>
<tr><td colspan="3">受审人员 Audited：</td><td colspan="2">审核员 Auditors：</td><td>审核日期 Audit Date：</td></tr>
<tr><td colspan="5">计划和追踪人 Preparing and follow up by</td><td>日期 Date：</td></tr>
<tr><td>序号 Item No.</td><td>涉及文件或程序 Reference</td><td colspan="2">发现问题 Finding Comments</td><td>责任人和完成日期 Responsible Person and Date</td><td>追踪结果 Follow-up Audit Results</td></tr>
<tr><td>1</td><td></td><td colspan="2"></td><td></td><td></td></tr>
<tr><td>2</td><td></td><td colspan="2"></td><td></td><td></td></tr>
<tr><td>3</td><td></td><td colspan="2"></td><td></td><td></td></tr>
<tr><td>4</td><td></td><td colspan="2"></td><td></td><td></td></tr>
<tr><td>5</td><td></td><td colspan="2"></td><td></td><td></td></tr>
</table>

鉴于质量检查的针对性，检查方在检查前应进行策划，明确检查要点，列出检查提纲。设计文件的检查提纲可以和设计校审要求一致；采购工作的检查提纲要因循采购程序中的工作流程，对设备材料生产厂的飞行检查应关注 ITP 是否被执行，同时抽查有关产品的符合性；对施工的质量检查重点是 ITP 是否被执行，同时抽查有关产品的符合性；在关注产品和过程的同时，当地法律法规的符合性、合同的符合性，以及当地许可、当地成分、人员资质的符合性也要作为关注重点。

一般项目质量检查可采用表 3-5，对检查发现进行记录和跟踪，必要时发出 NCR。出版检查报告，但当检查内容较少或单一时，报告可删繁就简。

3.17.4　监督审核和检查

监督审核包括业主、第三方、当地监管部门的审核等。

境外项目业主一般规定检查和审核安排，在 ITB 中已经明确。SABIC 项目详细设计阶段，业主派出工程和项目管理(E&PM)团队，由工程专业和 QA/QC、HSE、控制、IT 等专家组成，10 人左右，对项目进行 30%、60%、90%检查，大致需要一周时间。KPI 项目要求，施工阶段必须聘请独立的第三方对施工过程监督管理。

项目质量团队要协助项目经理做好接待工作，协调专业人员诚恳提供检查组所要求的检查证据，为检查组提供方便，为专业人员接受检查提供指导，认真倾听检查意见，仔细阅读检查报告，跟踪纠正措施。

以下是 SABIC 项目 30%业主质量审核的审核报告目录：

1　介绍

2　审核团队

3　被审核成员

4　审核地点、日期和持续时间

5　审核目的

6　审核范围

7　审核标准

8　审核方法

9　执行综述

9.1　工艺

9.2　机械（机械、配管、静设备）

9.3　仪表

9.4　电气

9.5　土建

9.6　质量

9.7　项目控制

10　发现问题

11　后阶段计划

12　结论

13　附件发现问题和推荐措施一览表

在SABIC项目施工阶段，现场进行了十多次质量审核。现场质量审核相对于设计和采购阶段的审核，相对简单，审核人员以业主现场的QA/QC为主，一般为1~2天，审核输出为发现问题一览表，并按惯例对问题进行追踪。

相对来说，中国石化境内项目的现场质量大检查，检查人员以中国石化质量监督总站为主，配以中国石化系统内各专业施工专家，一般进行为期一周的检查，审核深度和覆盖范围反而比较深和全面。

3.17.5　检验和试验

详细见“第5章　采购质量管理”、“第6章　现场和施工质量管理”。

3.18　质量记录和报告

质量记录和报告是项目质量活动的载体，是过程满足要求的证明，按项目文档控制要求进行过程控制，项目完工时移交业主并提交公司存档。

一些项目中的质量记录报告有如下：

质量审核报告 Quality Audit Report；

纠正预防措施报告 Corrective and Preventive Report；

质量月报 Monthly Quality Report；

开箱检验报告 Open Box Report；

检验周报告 Inspection Weekly Report；

现场监督报告 Site Surveillance Report；

合格证明 Certificates of Compliance；

ASME 标准数据报告 ASME Code Data Reports；

用于压力系统的材料或部件材料试验报告 Certified Materials Test Reports for Pressure-Retaining Material/Components；

无损检测报告和 X 光片 NDE Reports and Radiographs；

不合格报告 Non-conformance Report；

性能试验报告 Performance Test Reports；

压力试验报告 Pressure Test Reports；

设备计算报告 Equipment Calibration Reports；

线路和特殊试验报告 Routine and Special Electrical Test Reports；

组装记录 Component Alignment Records；

单体和系统最终检验报告 Component and System Final Inspection Reports 等。

3.19 不合格品、不符合项控制

无论境外还是境内项目，承包商都应实施不合格品控制以防止不合格品的非预期使用。在项目过程中，通过不断发现、改正、分析、避免、预防不合格，来保证工作和产品处于动态合格状态。境外项目一般专门编制不合格品/不符合项控制和纠正预防措施程序。

承包商应对工程项目各阶段不合格品的标识、记录、评定、隔离(可行时)和处置进行控制。应对纠正后的产品再次进行验证，以证实符合要求。保持不合格的性质以及随后所采取的任何措施的记录，包括所批准的让步记录。当在交付或开始使用后发现产品不合格时，首先应配合顾客，采取与不合格的影响或潜在影响的程度相适应的措施，使不合格品非预期使用引起的影响达到最小。通过相关方沟通和协作，及时处置不合格品。适用时，对不合格品实施分级控制。当考虑让步使用时，应得到顾客批准。

3.19.1 设计产品不合格品控制

设计产品具有可即时修改性，一般通过修改消除产品实现过程中发现的不合格，经重新验证确保其满足规定要求。

3.19.2 采购产品不合格品控制

在供方所在地进行验证(包括制造过程中的中间监造、检验、装配检验、性能试验等)时，发现不合格品，根据采购合同，一般应由供应商采取措施，消除发现的不合格，经重新检验确保其满足规定要求。

当产品运到顾客现场的开箱验证时发现不合格时，应加注明显的标识并记录。由施工和采购人员、设备材料供方人员、必要时设计人员和项目控制人员参加，及时召开不合格品评审会，评定不合格品的性质和严重程度，确定不合格品的处理方式。可采取退货、返工、返修等措施。

采购产品不合格品控制详见“5.4 采购不合格品控制”。

3.19.3 工程产品不合格品控制

当工程产品包括施工过程中产生的任何预期输出发现不合格时，应加注明显的标识并记录。由施工人员、施工供方人员、必要时设计人员、采购人员和项目控制人员参加，评定不合格品的性质和严重程度，确定不合格品的处理方式，可采取返工、返修、报废等措施。

工程产品不合格品控制详见“6.5 施工不合格品和不符合项控制”。

3.19.4 服务不合格控制

对顾客服务过程中发生不合格时，应采取与不合格的影响或潜在影响的程度相适应的措施，如改进服务以满足顾客要求，使顾客获得良好感受。

在进展评估、工作考核及项目总结中发现员工服务不合格时，采取批评、教育、惩处、培训等措施。

3.19.5 不符合项控制

当过程中出现活动或文件等不符合要求时，控制方法同不合格品，不符合项一般分为严重和一般，处置适用纠正活动或纠正措施，不适用返工、返修、重订等级、拒绝/废弃、改作他用等方法。

3.19.6 不合格品/不合格报告(NCR)

当承包商发现不合格品/不符合项，一般由质量管理人员、质量控制人员和检验员开出NCR，产品和工作一旦被判定为不合格品/不符合项，即进入不合格品/不符合项控制和处置程序。由于处置过程可能影响安全、工期、人员、费用等因素，NCR一般需要相应职能和级别的人员会签和批准。对不合格品/不符合项的判定、处置和跟踪是基础的质量工作，对不合格品/不符合项的判定、处置建议和跟踪能力是每个质量岗位人员必须具备的基本能力。NCR将导致纠正和纠正措施以改正不合格和避免同类不合格的产生。

表3-6为NCR示例，是某项目不合格控制程序中的附表，该表式可适用于项目整个过程和工作场所。为有利于专项管理，采购和施工可分别采用单独的NCR表式。

业主或业主的项目管理团队在管理和检查过程中也会对承包商或承包商的供应商/分包商发出NCR和SSR，对业主NCR和SSR的应对和处理方法参见“6.5.1 业主的NCR和SSR”。

3.20 纠正、纠正措施和预防措施

按照ITB要求，境外项目一般都编制纠正预防措施程序，有时纠正预防措施程序也可以并入改进(Improvement)程序。

表 3-6　不合格报告示例

<table>
<tr><td colspan="6">不合格报告 Non-Conformity Report(NCR)</td></tr>
<tr><td colspan="6">项目名称 PROJECT NAME
项目号 Project No.：</td></tr>
<tr><td colspan="2">编号 NCR No.：</td><td colspan="2" rowspan="3">辨别 Identification：
□重要 Major
□一般 Minor</td><td rowspan="3">发生地点 Location：
□本部 office
□工厂 shop
□ 现场 site</td><td rowspan="3">关系到 NCR-Ref.：
□设计 Engineering
□采购 Procurement
□施工 Construction
□其他 Others</td></tr>
<tr><td colspan="2">发出日期 Date of Issue：</td></tr>
<tr><td colspan="2">分包商/供应商 Subcontractor/Supplier：</td></tr>
<tr><td colspan="6">有关文件、图纸、规范、程序、工作指导书 Reference of Drawing/Specification/Procedure/Work Instruction：</td></tr>
<tr><td colspan="6">不合格描述 Nonconformity Description：

纠正 Correction

纠正完成日期 Completion Due Date：</td></tr>
<tr><td colspan="6">处置状态 Disposition Status：
□返工 Rework　□返修 Repair　□重订等级 Re—grade　□拒绝/废弃 Reject/Scrap　□改作他用 Us—as—is</td></tr>
<tr><td colspan="6">根源 Root Cause：

纠正措施 Corrective Action：

完成日期 Completion Due Date：</td></tr>
<tr><td colspan="3">质量工程师/检验员 Quality Eng./Inspector (不合格报告发出者 NCR originator.)：

日期 Date：</td><td colspan="3">责任人 Responsible Personnel(设计、采购、施工经理 Eng., Procure., Construction Manager)：

日期 Date：</td></tr>
<tr><td colspan="3">承包商批准 Approved by CONTRACTOR：

日期 Date：</td><td colspan="3">业主批准 Approved by COMPANY：

日期 Date：</td></tr>
<tr><td colspan="6">验证 Verification of NCR：
□不合格已完全纠正 The Nonconformance has been resolved and verified.
□所有检验和测试已实施经验证 All relevant inspections and tests have been carried out, recorded and verified.
□其他 Other

验证人 Verified by：日期 Date：</td></tr>
<tr><td colspan="2">关闭 Closed—Out by：

日期 Date：</td><td colspan="2">审核 Checked by

日期 Date：</td><td colspan="2">批准 Approved by：

日期 Date：</td></tr>
</table>

按照 GB/T 19000—2008《质量管理体系　基础和术语》(ISO 9000：2005 Quality management systems——Fundamentals and vocabulary)，纠正、纠正措施、预防措施是三个不同的定义。

对所有不合格品/不符合项，都要纠正。但纠正是治标不治本，要从根本上消除不合格，就应找出根本原因，针对不合格的原因采取纠正措施。预防措施是针对潜在的不合格采取的措施，采取预防措施，是为了消除和避免潜在的不合格。

按照 ITB 要求，境外项目一般都编制现场监督程序，现场监督报告(SSR)作为描述施工过程中产品存在潜在的不合格的报告。由质量保证/控制人员/检验员发现和发出。SSR 将导致预防措施以避免不合格的产生。表 3-7 为现场监督报告示例。

表 3-7　现场监督报告示例

<table>
<tr><td colspan="4">现场监督报告 SITE SURVEILLANCE REPORT(SSR)</td></tr>
<tr><td>项目名称 Project Name</td><td></td><td>编号 No.</td><td>PE—SSR—00001</td></tr>
<tr><td rowspan="2">题目 Subject</td><td rowspan="2"></td><td>发出日期
Date of Issue</td><td></td></tr>
<tr><td>地点 Location</td><td></td></tr>
<tr><td colspan="4">涉及图纸 Reference of Drawing/Specification/Procedure/Work Instruction</td></tr>
<tr><td rowspan="2">Contractor</td><td colspan="3">观察描述 Description of Observation：　*Attachment(if any)*：</td></tr>
<tr><td colspan="2">检验员
QC Inspector：　Date & Signature：</td><td>现场质量经理
QA/QC Manager：　Date & Signature：</td></tr>
<tr><td rowspan="4">Subcontractor</td><td colspan="3">提议预防措施
ProposedPreventive Action：　*Attachment(if any)*：</td></tr>
<tr><td colspan="3">是否扩展 Escalation of SSR Required　☐ YES　☐NO</td></tr>
<tr><td colspan="3">If YES then☐ NCR Ref ________　☐ Waiver Ref ________　☐ other Ref ________</td></tr>
<tr><td colspan="3">分包商质量经理 Subcontractor QA/QC Manager：　Date & Signature：</td></tr>
<tr><td rowspan="2">Contractor</td><td colspan="3">提出措施 Proposed Action：
☐ Accepted　☐Rejected</td></tr>
<tr><td colspan="2">检验员
QC Inspector：　Date & Signature：</td><td>现场质量经理
QA/QC Manager：　Date & Signature：</td></tr>
<tr><td rowspan="2">Subcontractor</td><td colspan="3">措施实施完成情况描述
Description of Action Taken：　*Attachment(if any)*：</td></tr>
<tr><td colspan="3">分包商验证
Subcontractor Verification：　Date & Signature：
(QA/QC Manager)</td></tr>
<tr><td rowspan="2">Contractor</td><td colspan="3">提出措施 Proposed Action：
☐ Accepted　☐ Accepted with Comments　☐Rejected</td></tr>
<tr><td colspan="2">检验员
QC Inspector：　Date & Signature：</td><td>现场质量经理
QA/QC Manager：　Date & Signature：</td></tr>
</table>

SABIC 的 RSP(Readiness for Start Up Program)可翻译成“开车准备就绪程序”，这个程序规定了为开车要做的工作，要在开车前把所有的问题都解决，接近开车前的工作某种程度上像境内工程的“三查四定”，但重要的是，此处开车前的含义不是开车前的这一刻，而是开车前所有的过程。程序要求从项目最初的开始，就把所有的事情做对做好，保证开车前的一切就绪。根据经验：

① 开车时遇到的问题 50%以上源自于项目定义阶段；

② 开车时遇到的问题 90%源自于试车以前；

③ 如果时间可以倒流，要下决心回到项目早期研究并消除最大多数的问题；

④ 如果缺陷积累到项目的最后阶段，必将导致延期和费用追加。

与 RSP 程序相呼应，SABIC 的 RFTR 程序(Right First Time Readiness Program)可翻译成“一次就绪程序”。程序要求设置专门的组织机构，在设计、采购、施工、开车、交付运行各个阶段工作中，事先对尚未出现但看趋势可能出现的缺陷进行识别、测量、分级、原因分析和事先应对，实质是通过动态的预防(不是纠正)措施，求得以最低的代价获得完美工程，正如本书第 1 章开宗明义所强调——质量的至高境界是预防。

RFTR 的目标是：

① 成功交付整个装置：一次就绪装置；

② 按时试运转和开车；

③ 识别、应对、降低风险；

④ 达到 HSE(HSSE)目标；

⑤ 具备“世界水平”的试车、开车和成功的第一次运转，不仅是机械完工；

⑥ 持续稳定的装置后续运转；

⑦ 更早、更好地行动，更少的返工、返修。

3.21 分包管理

承包商应搜集和分析项目情况，确定在设计、施工、开车服务、其他过程如检验试验、仓库管理中，是否需要分包，怎样分包。设备和材料采购是分包的形式之一。应优化分包策略和方案以求得合理的质量、工期和费用的平衡，并编制项目分包计划。

设计分包管理详见“4.9 设计准入与分包管理”设备材料供应商的管理详见“本书 5.2 对供应商的质量管理”，施工分包的质量控制详见“6.4 施工分包质量控制”。ISO 9001 标准条款 4.1 规定：“组织如果选择将影响产品符合要求的任何过程外包，应确保对这些过程的控制，对此类外包过程的控制类型和程度应在质量管理体系中加以规定”。

3.21.1 合格分包方选择

通常在境外项目中，可以直接从业主提供的供应商(分包商)名单中进行选择，对于增补新的分包商进入名单，一般需要编制针对项目的供应商资格预审程序并实施。资格预审一般分为三个步骤：①分包商填报一般信息表；②需要时，承包商和/或业主组织实地考察；③承包商和/或业主进行内部评估。承包商参与分包商资格预审的人员一般应该包括项目设计、采购、施工经理、项目质量经理等，如有需要还需增加业主的相关人员。参见“附件 4 供应商预审调查表示例”。增补调整后的供应商(分包商)名单一般应经业主批准，针对名单中的合格供应商

（分包商），承包商才能发出ITB或相应的分包邀请文件，并经过投标评审最终确定分包商。

应按以下原则选择和确定分包商：

① 具有完整且运行有效的质量管理体系；

② 具备完成供方责任所必需的技术、人员力量和相应的设备、检测手段；

③ 具有承担同类项目工作的良好业绩；

④ 企业经营状况良好，有良好的商业信誉，能承受一定的经济风险；

⑤ 持有关的许可证、资格证书；

⑥ 能满足合同要求。

3.21.2 分包管理和控制

分包合同条款要保证承包商的责任完全转移，即承包合同中对承包商的要求，分包合同中需要同样要求。按照英美法系合同签订惯例，合同条款要精细、清晰。明确采用的技术标准和规定、控制程序、文件提交进度、版本、分级、电子文件要求和检查审核、审批、报告、会议、协调联系、服务要求要求等。

需要时，要求供应商(分包商)编制执行文件，并对该文件进行审核和批准，可以安排必要的过程检查，供应商(分包商)提供的最终产品必须经过验证和确认，该验证和确认不仅仅是起到控制质量的要求，也是让承包商和分包商在界面上可以互相衔接。

在项目协调程序中，明确和供应商(分包商)之间的协调规定，规定文件出版、编号、传送，以及会议、通信等需要协调的要求。定期召开有关会议，包括开工会、协调会，以及针对关键节点的审查会等。需要时指定专职人员全程协调和追踪，以便在第一时间发现各类问题，及时有效处理。

3.21.3 互利的供方关系

互利的供方关系是八项质量管理原则的第八项。承包商和供应商(分包商)既是商业合同关系，也是业务合作关系。供应商(分包商)在各自的领域中都是专家，也是承包商的资源，其经验和业绩是承包商工作分担和支持；通过产品和服务的提供，关键分包商业绩的改进可以带来承包商产品科技含量的提高，服务分包商良好的服务可以弥补承包商的不足。承包商在寻找、选择、管理供应商(分包商)的同时，也要培养、依靠分包商。承包商的生存和发展离不开供应商(分包商)的生存和发展。

3.22 缺陷责任

ISO 9001标准条款7.5.1 f)规定，组织应策划并在受控条件下进行生产和服务提供。适用时包括产品放行、交付和交付后活动；FIDIC合同条款11对缺陷责任有较详细的描述。境外承包合同一般规定缺陷责任期和责任，缺陷责任期内，承包商主要工作为：

在合理时间内，完成接竣工验收时尚未完成的任何工作，承担保质期内修补缺陷或损害所需要的工作。具体包括搜集信息，负责系统、设备改造技术方案和图纸修改；增补设备和材料的采购、安装、调试；负责建构筑物的增建、修补，协调开车遗留问题处理等。对采购的设备材料的质保期服务，一般在采购合同中明确界定供应商责任，产生需求时，由供应商负责具体实施。

质保期服务包括服务策划、组织召开质保会、质保期内缺陷的责任界定、质保期内负责对现场运行维护服务人员的技术监督、指导工作、保期服务工程量统计、质保期服务过程的监控、服务项目的关闭等。

由于工程的设计、生产设备、材料或工艺不符合合同要求、承包商负责的事项产生不当的操作或维修、未能遵守任何其他义务产生的费用由承包商负责，由于任何其他原因产生的维修，业主应根据情况通知承包商，并适用变更条款。

3.23 质量改进

境外项目一些用于质量改进的方法有：课题研究(Lessons Learned)、纠正和预防措施(Corrective and Preventive Actions)、建议和激励策划(Suggestions /Incentive Scheme)、项目风险列表(Project Risk Register)等。

在积累了一定数量质量信息样本后，可以引入适当的统计分析方法进行统计分析。统计分析是一门专门学科，有定性、定量、逻辑、数据等各种方法，必要时可以应用软件，或者引进外包服务。EPC 项目实施过程多为手工和脑力的活动，质量样本获得过程具有多样性，人为性，统计分析手段具有可选性，产生的结果会比较复杂。针对工程质量的改进，统计分析是方法和手段之一。

统计分析的目的是找出离散样本的内在联系，尝试找出已发生情况的分布逻辑和概率，寻求这些逻辑和概率后面的影响因素，尝试在后续或其他类似活动中，通过投入合理的资源各和管理，增加正面结果发生的可能性，减少负面情况重复发生的概率，本质上是寻求比较系统的纠正预防措施。

持续改进的方法之一是在发现问题或潜在问题并改正之后，能采取纠正和纠正预防措施，不再重复产生同样问题。然而，保持体系自主的、正常的改进活动，是质量改进追寻的目标。组织在取得基于 ISO 9001 的质量管理体系认证后，应进一步考虑业绩改进，按照 GB/T 19004—2011(ISO 9004：2009)《追求组织的持续成功 质量管理方法》(Quality management systems——Guidelines for performance improvements)改进体系，追求更高水平的管理和持续成功。

持续改进是八项管理原则中的第六条。

3.24 顾客满意

以顾客为关注焦点，是八项质量管理原则中的第一项的要求。在 SABIC 项目的业主 30%检查中，其检查表中有一条，“在项目执行过程中，承包商是否每隔一段时间向顾客发放意见征集表，或搜集顾客满意与否的信息”。本条要求承包商在项目进行过程中，经常、阶段性地征求顾客意见，及时响应，使顾客保持愉悦和满意的感受。

针对境内项目，工程公司搜集顾客满意信息是一般等项目完成后，进行正式回访或函访。彼时尘埃落定，在项目成功的和谐气氛中，得到的多是满意的信息。一个境外 EPC 项目短则两年，长则三五年，如果算上投标阶段则更长。从界面上可以看到，有项目管理，有业主，有第三方监督，书面来往，面对面交流，有满意，有抱怨，看似琐琐碎碎，磕磕碰碰，其中随时都蕴含着宝贵而丰富的顾客满意与否的信息。在项目过程中应随时记录这些信息，提请有关层面进行研究。

改进的需求，往往来自顾客的不满意，作为国际化工程公司，国际化项目的承包商，有必要放宽胸怀，放远眼光，把每一个苛刻的顾客当作老师，正是他们在不断提示和督促承包商改进。

第4章 设计质量管理

设计在工程建设中处于主导地位，是项目运行各个环节的纽带。设计所产生的文件是项目后续阶段(采购、施工、开车)的依据，也是整个工程建设的关键。工程设计对于工程项目的费用控制、工程质量、进度控制、投资效益以及投产后的经济效益和社会效益方面都起着决定性的作用。

4.1 设计策划和设计实施计划

4.1.1 概述

本节的设计实施计划主要针对具体设计工作的开展，目的是提供设计产品；设计质量策划一般包括在项目质量计划(Quality Plan)中，详见“3.3 项目质量计划”，目的是保证设计产品的质量；两者的结合，计划并准备提供符合要求的设计产品。

项目质量计划中规定了设计控制程序、设计输入输出文件和设计评审、设计校审、设计会签要求等，还包括设计分包的质量控制。设计质量审核安排包括在项目质量审核计划(Project Quality Audit Plan)中。具体安排可在表3-4项目质量审核日程(Project Quality Audit Schedule)中体现。

设计实施计划(Engineering Execution Plan)是用于细化项目各个阶段设计工作的总体原则，从而确保各阶段设计工作都能够在计划的时间节点完成。根据合同约定的工作范围及要求来制定设计实施计划，包括设计组织机构、工作内容、工作分工、进度要求、专业人力安排、采用的标准规定、使用的软件工具、交付文件的格式等。

以下给出一份典型的境外项目设计实施计划目录，提供境外工程设计实施计划各章节编制的主要思路。

1 设计组织架构

2 设计岗位职责

3 设计工作内容

4 设计人力安排

5 设计进度计划

6 设计成品分类

7 现场设计服务内容

8 设计界面控制

9 交付文件格式

设计实施计划的贯彻执行需要整个设计团队的全力配合，包括设计管理人员、专业负责人、设计人员等各个层面的人员；同时也需要得到项目管理层，甚至承包商高层的全力支持。

4.1.2 设计统一规定内容

一个石化或化工项目的设计过程，需要多个设计专业众多设计人员互相协调，共同工作，设计策划的重要内容为制定项目的设计统一规定，设计统一规定规范相关设计人员的设计工作，避免设计过程中的各自为政，保证设计过程和输出文件的符合性、一致性和协调性，提高设计的工作效率。设计统一规定一般由项目设计统一规定和各专业设计统一规定组成。

项目设计统一规定需要明确以下几个必要的内容：

对项目设计中整体性、普适性内容进行规定和提供必要的项目信息和基本设计条件，适用于本项目的各专业。内容包括合同要求、项目概况，项目组成、设计范围与分工、单元划分和单元号、项目采用的主要标准规范、项目总体基础资料、设计原则、设计文件标题、文件和设备编号规定、公用设计软件、各专业关系等。

随着项目进展，对项目设计统一规定中未表达完全的内容，可在以后的主导专业条件或项目通知、会议纪要中进一步补充。项目统一规定也可以升版。

专业设计统一规定需要明确以下几个必要的内容：

（1）设计依据

设计依据须明确开展整个项目设计工作的基础文件，如招标书、委托书、工艺包、基础设计文件等。

（2）设计范围

设计范围须明确整个项目设计工作的主项及其内容，通常以主项表的形式来给予表达。在设计范围中，除了装置本身的设计工作外，还需重视涉及装置界面的设计工作，包括与现有设施的界面、与总体的界面、与第三方的界面等。

（3）标准规范

标准规范是确定设计原则时最根本的依据，相对于境内工程，境外工程项目设计工作面临的显著挑战是设计需要遵循的标准规范。

在境内工程项目中，尤其是中国石化系统内的项目，需要遵循的标准规范是工程公司所熟悉的行业标准或国家标准。在境外工程项目中，所在国家和地区都有各自的标准，同时每个企业，特别是规模较大的业主都有自己的业主标准体系。所以，在统一规定中要明确地定义适用的标准、标准的适用范围、标准的版本以及不同标准的优先顺序。

设计采用标准的版本必须重视，版本不同意味着技术要求有变化，一般高版本的要求会更高。当设计的标准提高，可能导致设计变更，对后续工作和服务的作用是放大的，进而对进度、费用、甚至质量产生一系列影响。

（4）设计内容和深度

境外项目一般没有像《石油化工装置详细工程设计内容规定》(SHSG-053)的行业标准规定设计文件的深度和内容，但合同附件会附有设计交付文件一览表(Deliverable List)。在SABIC项目中，业主的企业标准详细规定了设计文件的最终移交(Handover)要求。

应规定专业计算书计算内容，采用计算方法或程序。

（5）软件应用

现代化的工程设计离不开专业设计软件的支持，尤其是境外的业主，往往对专业软件的应用有很高的要求，包括各类计算软件、绘图软件、控制管理软件等。

在统一规定中须明确项目中需要应用的软件名称、版本、应用的范围、以及应用的深度。

4.1.3 设计质量控制

按照 ISO 9001 条款 7.3 的要求，设计质量控制步骤包括设计策划、设计界面、设计输入、设计输出、设计评审、设计验证、设计确认、设计变更、设计分包管理等。本章通过 4.1~4.9 节的各节描述，提供设计质量控制主要步骤参考以及实施要求。

根据“2.3.4 关注工程产品”的描述，设计质量管理和控制的目的是保证提供合格的设计文件。合格设计文件作为设计过程的输出，在控制输入、界面等影响因素后，在产品过程中和产品出版前，应实施有效的中间技术评审和出版前的校审，并通过质量检查来保证评审和校审的质量，通过评审和校审程序来规定评审和校审的细则。设计产品质量持续稳定符合要求，是质量管理体系环环相扣、有效运行的结果。

设计质量的控制还需要通过各类会议来促进各方沟通协调，加强程序控制力度、加深对技术要点和问题的理解和认识，从而提升设计的质量。如设计开工会、设计例会、界面协调会、供货商开工会、供货商澄清会、设计总结会等。同时，还需要组织各种审查会议，包括关键设计文件审查会、3D 模型审查会、HAZOP 审查会、SIL 评估会、定期的设计质量审查会等。对于技术难题，通常根据问题的实际性质来组织专业层面、项目层面或者公司层面的技术评审会来实施设计过程的技术评审，以寻求权威的解决方案。会议需遵循相关的策划和执行程序来组织和开展。

4.1.4 进度控制方法

设计的进度计划须基于项目总体进度的要求来制定。其中，既要合理安排专业内各类工作的先后顺序，也要考虑各专业之间条件的逻辑关系，同时还要充分考虑和采购、施工的交叉配合关系。

对设计进度控制，在策划时要确定控制的方法，采用的软件等，过程控制手段不仅仅是出版、更新计划和报告，关键是根据项目特点，采用一定的控制方法，如优化操作流程，合理配备有经验的工程师，协调各专业人工时投入，合理调动资源，有效纠正进度迟滞，及时发出预警等，从而保证设计进展。

作为设计的输出文件，项目一般要出版设计交付文件一览表（Deliverable List），规定各专业应出版文件，对设计交付文件一览表中所列文件的出版时间和状态进行动态控制。进度控制的目的是为了保证在文件交付节点的顺利交付，和提供质量符合要求的产品同样重要。

4.1.5 动态关注设计策划

设计策划在设计工作开始前进行，在设计过程中，设计依据、范围可能会产生变化。对这些变化，可以升版设计策划文件，也可以用其他方式补充传达到有关层面，如会议纪要、项目备忘录、通知等。一些变化引起变更的，应及时进入变更程序进行处理。

应慎重对待标准版本的变化，无论是对设计标准还是工程全过程涉及的所有相关标准的变化，详见“3.7 标准和规范”。对引起工期和费用损失的设计工作变化，在动态关注设计策划文件同时，及时进入变更程序进行处理，详见“3.13 变更管理”。

4.2 设计界面

4.2.1 各设计专业界面

中石化工程公司的专业设置基本能符合境外工程的需要，境内项目各专业之间的交流一般通过各专业一对一或一对多的互提条件来实现，在与一些境外工程公司的合作中发现，在专业界面信息交流稍有不同，根据项目进度，各专业发布自己专业的文件，如果需要纸质文件流转，则项目文档控制人员根据经批准的文件分配表传递，电子文件通过项目文档管理系统可共享。

在各专业成品出版前，专业会签是必要的，对综合类图纸和文件，必要时，召开会议进行综合评审并会签。

4.2.2 设计和采购、施工和开车的界面

对 EPC 项目，设计和采购、施工和开车配合密切，在基础设计时，需要进行长周期设备的询价甚至订购；设计文件需要通过施工可行性、操作可行性和可维修性评审，HAZOP 审查；在设计的早期阶段，就需要专利商和开车方进行协调。

这些界面，包括工程公司内部和外部界面，一般通过文件来往和召开各种会议进行协调，包括例会、评审会、协调会、澄清会等。外部界面的文件来往常用文件传送单、信件等。

（1）设计和采购的界面

专业设计人员在项目执行过程中向采购部门提供技术文件和技术支持，包括：

① 编制设备材料技术请购文件，作为采购文件的一部分；

② 参与供应商预评定和评定；

③ 技术澄清和技术协议的签订；

④ 审核供应商文件；

⑤ 需要时，参与设备和材料检验。

（2）设计和施工的界面

专业设计人员在项目执行过程中向施工部门提供技术文件和技术支持，包括：

① 出版详细设计文件；

② 设计交底；

③ 接受施工可行性审查；

④ 配合施工和合同人员确认施工分包商报价书中的工程量和材料量；

⑤ 参与完工前的检查，确认施工同设计的一致性；

⑥ 必要时参与检验和验收工作；

⑦ 现场设计服务，必要时出版现场设计变更文件。

（3）设计和开车之间的界面

① 开车管理人员对 P&ID 进行评审，对其他设计文件包括模型进行可操作性评审；

② 开车人员对专利商或工程师参与编制的操作手册、分析化验手册、安全手册等进行评审；

③ 设计人员参与会审联动试车方案和投料试车方案；

④ 设计人员参加联动试车、投料试车、生产考核，提供技术支持和指导。

（4）设计和外部第三方之间的界面

与其他项目或业主原有装置的界面：

① 设计人员与存在界面的外部项目确定界面范围，并互提界面设计条件；设计人员与外部项目定期召开界面协调会，确认每个界面处双方设计的一致性；

② 出版界面管理文件，见“3.6 界面和协调”；

③ 与外部项目共同签署最终的界面控制确认单；

④ 与工程所在地政府部门的界面；

⑤ 根据相关政府部门制定的程序或规定提交所需的项目设计文件；

⑥ 与政府部门澄清相关的设计内容及方案，参加评审会；

⑦ 根据评审意见更新相关的设计文件。

4.3 设计输入

4.3.1 设计输入内容

设计输入包括：

① 设计依据；

② 上一阶段的设计文件及设计审批文件；

③ 适用的法律、法规、标准的要求；

④ 合同要求，顾客/供方提供的和/或承包商应收集的工程设计基础数据等；

⑤ 本项目的设计策划文件；

⑥ 专业间的相互条件，采购、施工过程对设计的要求；

⑦ 供应商技术文件；

⑧ 以前类似工程项目设计提供的经验与教训；

⑨ 设计文件评审要求；

⑩ 设计所必需的其他要求等。

4.3.2 保证得到足以开展设计的设计输入

境外项目由于外部界面相对复杂，设计输入的来源相对多样，特别是当地的法律法规、政府审批文件等不仅通过业主可以得到，根据合同责任范围，也需要工程公司自行搜集。需要时可以寻求当地工程公司或设计院的支持。

境外项目合同一般都详细规定了项目执行的规范标准，除了业主标准由业主全文提供外，一般通用的国际标准和当地标准全文需要承包商自行搜集。

业主一般应该提供上一阶段的文件，如专利商文件、工艺包、或者前端设计

文件等，承包商对得到的资料应进行评审，确定是否足够和满足设计要求，如果不足以开展设计，及时提出澄清需求或技术质询（Technical Query）。

一些国际常用标准和出版机构见“附件 3 炼化工程常用国际化标准出版机构一览表”。

4.3.3 保护知识产权

(1) 重视设计产品知识产权权属

对本工程，业主提供了工艺技术或专利商的专利，购买了承包商的服务，有权声明对知识产权属有；承包商付出劳动提供了一次性定制的工程设计产品，附有承包商特有的工程经验和成果，有权声明该产品权属归已，并声明仅适用于本业主、本工程。为保护顾客和承包商的知识产权，一般可有以下叙述可增加在设计文件醒目之处：

“本文件的版权归属于 XXX 公司，未经本公司书面许可，不得以任何方式将本文件提供或泄露给任何第三方，或用于任何本文件指定目的以外的其他用途。”(The copyright of this document belongs to XXX Company Ltd. that shall neither be provided or disclosed in any form to any third party nor be used for any purpose other than what is specified herein without the prior written consent of XXX Company Ltd.)

一些带有工艺技术的工程文件的权属关系经常在业主和承包商之间引起争议，一些 P&ID 等带有专利技术的工程文件可通过协商标记双方的公司标识，双方同时声明知识产权所有。

(2) 保护有关信息的知识产权

境外项目中承包商和业主一般都签有知识产权保密协议，界定承包商保密范围、时间和责任等。承包商在做好知识产权保护的同时，要向供应商、分包商转移知识产权保护的法律责任。承包商对知识产权保护一般可以采取以下措施(包括但不限于)：

① 对涉密图纸资料应严格归档与保管、发放与使用、回收与销毁等环节的保密管理；

② 设计流程模拟程序、设计计算书等应及时归档，不得私自存放；

③ 载有涉密图纸资料的电子文档、计算机及数据库应当具有加密、按密级授权使用、限制和记录下载的功能。通过互联网络传递数据、资料、图纸要经过审批，定机操作，实施管控；

④ 建立参观访问制度，参观访问者一律佩戴专门标识，并由专人陪同按指定路线和范围有组织地进行参观访问，禁止拍摄；

⑤ 与施工单位、设备制造单位签订保密协议后，方可提供设计文件。

4.4 设计输出

对于每个工程项目而言，设计输出就是各设计专业提交的各类设计成品文件。通常设计成品文件包括以下几类：

(1) 设计说明

设计说明通常用以阐述相关设计考虑的总体原则，采用的标准，以及设计规定的各种特殊要求。

(2) 规格书(数据表)

规格书通常用以明确定义项目中各类设备、材料的操作条件、设计条件、性能参数、类别、尺寸、材质、控制要求，以及适用的验收标准。

(3) 计算书

计算书是相关专业确定设计方案的依据之一。计算书中需将输入条件、计算公式及方法、计算结果以及结论明确表述。

(4) 设计图纸

设计图纸是各种设计方案的直观体现，也是设计要求的具体实践。详细设计文件是施工作业的根本依据。

(5) 供货商设计文件

供货商设计文件是供货商基于请购文件中技术附件的输入条件及具体要求进一步深化而生成的设计文件，也是设计交付文件中不可或缺的一部分。

不同的工程项目，具体需要交付的设计文件也会存在差异；同时，每个业主对于设计成品文件的格式也有不同的要求，尤其是境外业主，通常都有自己的习惯做法，甚至相关的企业标准，这些都必须在项目初期和业主具体商议。

各专业工程师对供应商文件要进行至少两次确认。一次是供货商首次提交相关的供应商文件之时，要根据请购文件中技术附件的各项技术要求对供货商文件进行全面深入的确认，如存在疑问或偏差，须进行澄清或者提出修改意见，以确保供货商基于正确的设计文件实施生产；另一次是供货商交货后提交的最终版供货商文件，要根据之前提出的修改意见进行核对，确保所有意见都已在设计中落实，同时，现场开箱检验人员要比对现场到货设备实物，确认实物与文件的一致性。

4.4.1 设计交付文件一览表

作为设计的输出文件，项目一般要出版设计交付文件一览表(Deliverable List)，规定各专业应出版文件。结合进度控制和文档控制，对设计交付文件一览表中所列文件的出版时间和状态进行动态控制。

4.4.2 请购文件

对于 EPC 总承包项目以及提供采购服务的项目都需要出版请购文件。这是询价、谈判、合同签订的技术基础。尤其在境外工程项目中，业主对于请购文件的内容往往会给予极大的关注，要求请购文件尽可能地具体、详实、精确。因为请购文件做得越详尽，越有利于供货商正确理解采购的要求，提供符合要求的产品；同时，请购文件越具体，也越有利于对供应商形成有效的制约。

请购文件通常需要包括如下几项要素：

(1) 概述(General)

简要叙述项目情况，界定术语：对业主、承包商、供应商、专利商等明确定义，对请购文件中的代号和简称进行定义、说明请购文件用途(预询价、询价、订购)等。

(2) 技术投标要求(Technical Proposal Requirement)

技术要求方面需要注意的是应用标准范围的界定。对于 EPC 项目，需要充分考虑不同标准对采购费用的影响。尤其对于境外 EPC 项目，业主通常会规定采用国际标准或者业主自己的企业标准，这就必须事先将标准的要求研究清楚，以便找到有利于最小化成本的标准范围。

(3) 供货范围(Scope of Supply)

供货范围方面需要注意的是物理界面对接条件的一致性，以确保不同单位供货范围之间的无缝连接。

(4) 工作范围(Scope of Working)

工作范围方面需要注意的是工作界面对接条件的一致性，以确保不同单位工作范围之间的无缝连接。

(5) 检验和测试计划(Inspection & Test Plan)

检验测试项目及其方法、标准的确定。选择的项目不同或者选用的方法不同，都会直接影响到费用成本。

(6) 技术会议(Technical Meeting)

开工会、预检会等会议要求。

(7) 现场服务要求(Site Technical Service)

现场服务方面需要注意的是现场服务需求的估计。对于境外工程项目，供货商的现场服务也会产生一大笔费用，尤其是欧美供货商。因此，对于需求不明确的，可以规定按单价核算；对于有明确需求的，可规定部分服务工时并按总价谈判，对于超出部分工时按单价核算。

(8) 供应商文件和图纸要求及提供时间表(Vendor Document and Drawing Requirements Schedule)

明确定义供应商文件提供和交付的内容、要求和时间。

(9) 偏离表用法说明(Instructions for Using the Teds Form)

当供应商投标内容与请购文件要求有偏离时，供应商必须提供偏离表。请购文件中规定偏离表的用法说明。

请购文件的组成涉及设计专业、采购检验、文档、质量管理等，校审内容见表4-1。

4.4.3 技术评标

技术评标(Technical Bid Evaluation)通常基于不少于3家供货商的技术报价进行。在技术评标文件中，须对各项主要的技术指标在不同供货商之间进行横向比较，并基于各项技术指标比较的结果给出综合评价和意见及建议。

通常技术评标的评审内容如下：

1 设计标准

2 技术参数

3 供货范围

4 工作范围

5 备品备件

6 检验测试计划

7 现场服务

8 供货经验

9 质保

在进行技术评标过程中，通常需要基于请购技术要求对供货商的报价进行技术澄清，以便进一步明确报价提供的范围和内容。这其中需要特别注意的是核查是否存在技术偏差，以便做出正确、全面的评估。

4.4.4 设计文件和图纸

设计文件和图纸是最主要的设计输出。根据“2.2.1 一般境外工程项目的运行阶段和定义”，按承包或服务合同界定的工作范围和深度，在可行性研究、基础设计、详细设计和采购阶段出版相应的设计文件和图纸。根据目前承接的EPC承包工程，工作范围一般从详细设计开始。随着中国石化境外工程战略的实施，中国工程公司的业务将努力向前端和高端拓展。

对EPC承包项目，如果施工方为境内企业，或者炼化工程公司内部建设单位，详细设计可以争取部分按照中国石化行业的要求做。

4.5 设计评审

4.5.1 设计中间评审计划和评审规定

在设计计划中应列出设计评审的时间节点，并规定相应的评审规定或程序。一般境外项目需完成如下中间评审：

① 3D模型审查(3D Model Review)；

② HAZOP审查(HAZOP Review)；

③ SIL评估(Safety Integrity Level Evaluation)；

④ 关键设计文件审查，包括总图、设备布置图(关键设计文件)审查(Plot Plan review)。危险区域划分图审查(Electrical Hazardous Area Classification Review)等；

⑤ 施工可行性审审查(Constructability Review)；

⑥ 操作、维修可行性审查(Operation and Maintainability Review)；

⑦ 各专业综合审查(Squad Check)。

此外，需要时还可进行工程价格评审(Value Engineering Review)、工厂准备就绪程序(Plant Readiness Program)评审等。

境内工程公司一般有各专业互提条件这一环节，上述评审的初次评审的时机宜掌握在详细设计主导专业提出第一次条件前，当需要时，技术评审可随项目进展多次实施，如3D模型审查。EPC阶段，设计技术方案已确定，如果技术方案变化是详细设计阶段的重大变更，应进入变更程序进行控制，当变更成立并有技术方案比选时，应进行方案评审。

4.5.2 3D模型审查

随着专业工程设计软件应用的普及，以及设计单位软件应用水平的不断提高，越来越多的设计工作趋向于无纸化设计。其中最为典型的就是3D模型设计。

相比于十年前，3D模型设计的应用已经从最初仅用于配管辅助设计，发展到今天在配管、仪表、电气、结构、建筑、暖通、给排水、消防等各专业的全面应用；而模型设计的深度也已经从最初仅限于的主要设备、管道、结构的建模，发展到今天深化到设备部件细节、管道支架、接线箱、操作柱、照明、机柜等各种细部信息的准确表达。

对于境外工程项目而言，3D模型设计已经成为了一个最基本的要求，而境外业主对于3D模型设计的要求通常也更为苛刻，甚至可以说最终交付的模型几乎就是一个和现场实际情况完全一致的虚拟现场。

为了保证模型和相关专业设计文件的一致性，以及各相关设计的实际可行性，就必须在项目的不同阶段进行模型审查。通常模型审查可以分30%、60%、90%三个不同阶段组织模型审查会，而且每个阶段审查的重点均有不同。

(1) 各阶段模型审查的重点

以下是某项目的各阶段模型审查的重点。

① 30%模型审查的重点：

a. 总图布置；

b. 设备布置；

c. 设备主管口方位；

d. 关键管道(管径不小于 *DN*250 的管道以及主要应力管道)的管路布置；

e. 地下设施布置；

f. 主要建构筑物结构；

g. 主要设备基础布置；

h. 主电缆桥架布置。

② 60%模型审查的重点：

a. 确认 30%模型审查意见关闭情况；

b. 管径不小于 *DN*50 的管路布置；

c. 建构筑物设计一致性；

d. 主要给排水、消防管路布置；

e. 所有的设备基础布置；

f. 检维修梯子平台设计；

g. 在线仪表布置；

h. 主要电气设备布置；

i. 二次桥架布置；

j. 暖通设备及风管布置；

k. 与主要机械设备、仪电设备供货商资料的一致性。

③ 90%模型审查的重点：

a. 确认 60%模型审查意见关闭情况；

b. 管径小于 *DN*50 的管路布置；

c. 管道支架布置；

d. 所有给排水、消防管路布置；

e. 所有仪表设备布置；

f. 所有电气设备布置；

g. 所有分支桥架布置；

h. 与所有供货商资料的一致性。

(2) 模型审查需准备的材料及审查意见的关闭

① 3D 模型审查所需准备的资料：

a. 管道及仪表流程图(P&ID)；

b. 管线一览表；

c. 设备一览表；

d. 设备平立面布置图；

e. 总图；

f. 框架结构图；

g. 建筑图；

h. 管道平面布置图；

i. 管道等级表；

j. 供货商资料；

k. 3D 模型审查执行程序；

l. 其他相关专业的建模输入条件。

② 3D 模型审查意见的记录与关闭：

3D 模型设计软件都自带审查意见标注功能，每一项审查意见都须赋予唯一的编号，待审查结束后，所有的审查意见可导出为可编辑 Excel 文件。

对与每一项审查意见，相关专业都需要给出具体的处理意见。在完成所有必要的修改后，须编制 3D 模型审查意见关闭报告并发业主审批。报告中须明确表达各项审查意见的处理意见和当前状态，同时还须对每一项关闭的条目附上修改前以及修改后的模型截图，以供业主确认关闭情况。

4.5.3 HAZOP 审查

HAZOP 全称为 Hazards and Operability Analysis/Study，即危险及可操作性分析。HAZOP 分析是以系统工程为基础的一种可用于定性分析或定量评价的危险性评价方法，用于探明生产装置和工艺过程中的危险及其原因，寻求必要对策。通过分析生产运行过程中工艺状态参数的变动，操作控制中可能出现的偏差，以及这些变动与偏差对系统的影响及可能导致的后果，找出出现变动可偏差的原因，明确装置或系统内及生产过程中存在的主要危险、危害因素，并针对变动与偏差的后果提出应采取的措施。

HAZOP 分析方法可按分析的准备、完成分析和编制分析结果报告 3 个步骤来完成。HAZOP 审查会通常由第三方人员主持，连同一个多方面的、专业的、熟练的人员组成的小组共同召开，并按照规定的方法对偏离设计的工艺条件进行过程危险和可操作性研究。

(1) HAZOP 审查会参加人员要求

通常参加 HAZOP 审查会的人员为：主席、记录员、设计经理、安全经理、工艺工程师、仪表工程师、业主方对口专业工程师、专利商、大型包设备供货商等。其中，主席是最为关键、核心的角色，为了保证审查过程与结果的客观与公正，主席必须来自第三方。

(2) HAZOP 审查所需准备的资料

a. HAZOP 审查执行程序

b. 工艺物料流程图(PFD)

c. 工艺管道及仪表流程图(P&ID)

d. 因果关系图

e. 总图

f. 设备工艺数据表

g. 危险区域划分图

h. 管线表

i. 管道材料表

j. 安全阀数据包

k. 界区条件表

(3) HAZOP 分析方法

在 HAZOP 审查会召开之前，主席会根据项目提供的资料先行研究工艺过程及控制要求，并在工艺系统中设置若干个节点，将整个系统划分成若干段。

在会议上，主席会按照节点顺序对每一段工艺系统进行分析。分析的过程须通过不同关键词及参数的组合来引导 HAZOP 审查团队讨论可能产生的后果，并对后果进行评估；同时确认当前设计中与此相关的所有已经考虑了的保护措施，并对不足之处提出合理的建议。

(4) HAZOP 审查意见的关闭

在 HAZOP 审查会结束后，主席和记录员会另行整理会议中讨论的内容，并最终出版一份审查报告，其中也包括整改建议汇总表。

承包商须基于该汇总表逐项确认处理意见，并针对每一项意见分别编制关闭记录表，然后正式提交业主逐项确认，直到所有条目都得到了业主的审批确认。

4.5.4 SIL 评估

SIL 全称为 Safety Integrity Level，即安全完整性等级，是一组离散型参数，是机能安全的一部分，定义为由于安全机能所降低风险的相对水平，或是风险降低后，风险的相对水平。简单来说，安全完整性等级就是度量安全仪表系统(Safety Instrumented Function，英语缩写 SIF)所需要的性能。SIL 设置有 SIL1~4 级，其中 SIL4 最高，SIL1 最低。SIL 等级越高，相应的安全防护系统可靠性也越高。

通过 SIL 安全完整性等级分析，综合考虑工艺、设备、仪表等各专业在装置

安全保障中的作用基础上对装置的 SIS 系统的设置水平、可靠性进行定量评估，从而实现整个装置的安全运行。SIL 分析贯穿于 SIS 系统的整个安全生命周期——从系统的设计、制造、安装运行、操作维护、验证直至退出使用。

(1) SIL 评估会参加人员要求

通常参加 SIL 评估会的人员结构与 HAZOP 设审查会的要求非常相似：包括主席、记录员、设计经理、安全经理、工艺工程师、仪表工程师、业主方对口专业工程师、专利商、大型包设备供货商等。其中，主席是最为关键、核心的角色，为了保证审查过程与结果的客观与公正，主席必须来自第三方。

(2) SIL 评估会所需准备的资料

① SIL 评估执行程序；

② HAZOP 审查报告；

③ 工艺管道及仪表流程图(P&ID)；

④ 工艺控制描述；

⑤ 工艺联锁说明；

⑥ 因果关系图。

(3) SIL 评估方法

在 SIL 评估会召开之前，主席会根据项目提供的资料先行研究整个控制系统的原理和要求，并将控制系统划分成若干个安全系统功能块。

在会议上，主席会以安全系统功能块为单位对控制系统进行分析评估。评估的过程是分析所评估的功能块所保护的工艺系统在可能面临的各种风险工况下，假设该功能块失效的情

况下，是否还有其他的保护措施，并对各种风险的发生频率、造成的影响，以及这些保护措施的独立性进行定量分析，从而得出所评估功能块的 SIL 等级要求。如果同一功能块在不同风险工况下的 SIL 等级要求不同，取最高的等级要求。

(4) SIL 评估意见的执行

在 SIL 评估会结束后，主席和记录员会另行整理会议中讨论的内容，并最终出版一份审查报告，其中将明确各功能块的 SIL 等级要求。

承包商须基于该报告中所有要求等于或高于 SIL-2 等级功能块进行 SIL 计算，并根据计算结果来调整相关控制系统及功能元件的配置，以达到要求的 SIL 等级。

4.5.5 关键设计文件审查

对于项目中的关键性设计文件，在正式出版之前，可由项目组织召开专题审查会进行各专业会审，以最大程度地提高相关设计文件的正确性和可行性。

(1) 关键设计文件的定义范围

通常关键设计文件的定义范围为：总图、设备布置图、危险区域划分图、防火区域划分图。但各专业负责人也可根据实际情况将其他类别的设计文件提请组织关键设计文件审查会。

(2) 关键设计文件审查的执行过程

为了提高效率，节约时间，通常在审查会前提前将相关文件分发给各相关专业预审。当各专业预审意见返回后，主导专业须将收到的所有意见进行检查和筛选，并安排该关键设计文件的审查会。

关键设计文件审查会需要所有相关专业到会参加讨论，并由项目工程师来主持。所有经过主导专业筛选出来的问题都必须在审查会上进行有效充分的讨论，并在会上达成一致意见。

会议讨论的结果可以在 Master Copy 的图纸上表述修改方案，并通过会议纪要的形式来加以记录，在所有到会人员签署后须正式存档。

4.5.6 施工可行性审查

施工可行性审查在一般在 FEED 阶段就要开始，EPC 阶段不断深化，可结合 30%、60%和 90%模型审查，请有关施工专家参加。施工场地和设施的考虑和施工顺序有关，为此，施工方也应及早进行施工策划和施工方案的确定。施工可行性审查一般关注：

① 起重机进入和安置位置；

② 预制场位置；

③ 临时设施位置；

④ 外来材料临时储存位置；

⑤ 超重超大超高设备的现场制作和安装场地等。

4.5.7 操作、维修可行性审查

操作、维修可行性审查可结合 30%、60%和 90%模型审查，请有关生产和操作人员参加。一些模型设计软件带有操作、维修可行性自查的功能。

① 操作空间；

② 阀门、管件仪表等位置；

③ 起吊空间、维修通道；

④ 物品放置位置等。

4.5.8 各专业综合审查

各专业综合审查是将相关设计文件或者供货商文件按照项目程序提交申请，并经项目文档控制发给各相关专业审查。供审查的文件只有一份有效的纸质拷贝，需要在各专业之间按顺序逐一流转确认，直到所有需要流转的专业都完成了确认工作后，再返回给主导专业。

各专业综合审查意在使相关文件得到更为全面的检查和确认，各专业可根据实际需要自行指定需要审查的文件范围以及需要流转的专业。

4.6 设计验证

4.6.1 图纸校审及会签规定

一般工程公司都有严格的详细设计图纸校审和会签规定，对于境外项目，可将规定翻成英文，经各方讨论和认可，放入项目质量管理和控制计划作为适用标准，项目质量管理计划得到业主的批准。

4.6.2 技术请购文件校审会签规定

一份技术请购文件的组成见“4.4.2 请购文件”，其内容涉及设计各专业、采购及检验、文档管理、质量管理等。针对请购文件的组成，校审内容示例见表4-1。

表4-1 请购文件校审检查表

1	请购文件校审(设计专业工程师)
a)	设备/材料名称、设备/材料位号、设备/材料台数是否正确
b)	请购文件所附业主和专利商工程规定、项目统一规定、数据表的文件号、版次和文件名称是否正确
c)	校对请购设备/材料执行的标准是否正确、合理
d)	对于请购设备/材料的具体要求的描述是否确切、合理并符合项目特点以及业主和专利商要求
e)	对否将工艺、配管、仪表和电气等相关专业的具体要求反应在请购文件内
f)	校对设备/材料供货范围是否正确，是否有漏项
g)	工作范围是否正确，是否有漏项。工厂制作和现场制作范围是否描述清晰
h)	设备/材料的试验和检验项目是否正确、合理
i)	供货商提交的图纸和文件所使用的语言文字是否符合项目的要求
j)	供货商图纸与文件的提交日期和份数是否符合项目要求
k)	检查HSE(HSSE)要求是否包含
2	请购文件校审(采购和检验工程师)
a)	检查设备/材料储存、保护和搬运，技术及相关许可证书，备品备件要求、计量单位
b)	检查运输要求是否包含
c)	检查ITP编制是否符合要求

3	请购文件校审表(文档控制工程师)
a)	供应商文件要求是否包含并符合要求
b)	文件格式是否符合要求
4	数据表校审(设计专业工程师)
a)	确认设备/材料名称、位号是否和工艺条件或者工艺设备/材料表上的名称一致
b)	数据表中工艺参数，包括：介质名称、流量、进出口压力、扬程、操作温度、密度、黏度、汽化压力、有效汽蚀余量，以及设备/材料的主要材料是否和工艺条件一致
c)	是否将工艺和仪表控制方面的特殊要求反应在数据表中
d)	管口表内容，包括：公称压力、连接法兰标准、密封面型式等，是否与设计条件相符
e)	驱动机的类型、选用原则是否符合工艺和电气专业条件
f)	具体设备设计部分内容是否正确、合理
5	技术评标文件校审(设计专业工程师)
a)	技术评审表中有关性能参数、结构特点、材料选用、能量消耗、外形尺寸和重量、配套辅助设备/材料的性能规格、成套范围等内容，是否填写完整、正确，是否和供应商报价内容一致
b)	技术评标说明中对各家供应商优点和缺点的描述，是否客观、合理
c)	技术评标结果是否客观、合理
6	质量管理检查(质量控制工程师)
a)	检查质量要求是否包含
b)	检查专业校审是否实施，校审人员是否签字
c)	检查规定的章节和内容是否完整
d)	抽查文档格式是否符合要求
e)	抽查项目包括业主的要求是否满足

请购文件必须由各相关专业会签。对打包的成套设备或含有工艺流程的整体外包(Package)，除严格会签制度外，必要时，在请购文件出版前，可召开综合评审会。

4.7 设计确认

通常业主对于设计文件的审核要求包括 For Review、For Approval、For Information 三类。对于不同的设计文件，业主的审核要求也会不同。

因此，通常在项目初期就必须和业主基于 Deliverable List 中的每一类文件逐个确定实际所需的审核要求，并将双方确认的审核要求作为日后出版文件审核的指导依据。

(1) 供审核(For Review)

对于此类文件，需要通过正式的文件传送单发业主审阅。在业主返回了审阅的意见后，只要承包商对其意见没有异议，即可直接正式出版发布相关的设计文件。

(2) 供批准(For Approval)

对于此类文件，也需要通过正式的文件传送单发业主审阅。在业主返回了审阅的意见后，必须将文件更新并再次通过正式的文件传送单发业主审阅。如果还有意见，须反复更新并提交，直到业主完全确认，并在图纸上签署后，方可正式出版发布相关的设计文件。

（3）告知（For Information）

对于此类文件，也需要通过正式的文件传送单发业主。但是无需等待业主审阅并返回意见，可同步直接正式出版发布相关的设计文件。

4.8 设计变更

4.8.1 确定变更的原因

设计变更会引起本身及后续工作的工期和费用的变化，必须确定变更的原因。一般把设计变更分为业主引起的变更和承包商本身的变更两种类型。对业主变更承包商可索赔，包括工期和费用的索赔；承包商变更将损失承包商自己的工期和费用，影响承包商的工作和利润。

对比合同，业主要求变更设计内容，应提请业主提出书面变更要求；当地法律、标准规范变化，应立即通知业主，如果业主认为应按新法规、标准重新设计，导致的设计变更应视为业主变更，必要时提请项目层面与业主进行设计变更的交涉。应慎重对待设计标准版本的变化引起的设计变更，详见“3.7 标准和规范”。对引起工期和费用损失的设计变更，应及时进入变更程序进行处理，详见“3.13 变更管理”。

承包商的设计错误、采购或施工偏差都可能引起设计变更，设计变更是解决问题的途径但不是唯一途径，应最大程度减少承包商本身原因引起的设计变更。

4.8.2 实施设计变更

设计变更的管理是设计质量控制的一项重要环节，一方面要协调好设计变更后上下游专业之间的条件更新，确保相关专业的设计一致性；另一方面要协调好与采购、施工的信息互通，确保与采购、施工相关工作的一致性。同时，专业内部须做好设计变更后设计文件的版次管理，以免出现版次混乱。设计变更的文件版次管理通常须注意以下几点：

① 设计变更单需要进行编号管理，通常首次出版为 0 版。如果没有得到业主项目管理团队的批准并给出了修改意见，若对业主的修改意见没有异议，则须更新升版该设计变更，且每次须按照 1、2、3……的顺序逐次升版版次。

② 每份设计变更须包含一份设计文件清单，即所有在此份设计变更单中更新的设计文件均需列入清单，该清单中需罗列的设计文件信息通常包括文件号、版次、出版日期、出版目的。

③ 每份设计变更须附上所有相关的更新版设计文件，且须与其设计文件清单一一对应。每份设计文件的版次都需要基于原有版次顺序升版，且设计文件中所有在同一版中修改的内容均需用云线圈出修改范围，并在旁边加注更新后的版次号标记。

④ 设计变更须编制独立的文件登记表，并从设计变更单和设计文件两个不同的层面进行记录和追踪。登记表中需罗列的设计变更单信息通常包括变更单号、主题、版次、出版日期、审批日期、审批结果；需罗列的设计文件信息通常包括文件号、文件名、文件版次、出版日期、变更单号、变更单版次、审批结果。

对于 EPC 项目而言，设计变更的管理更是费用控制的首要前提。很多时候，设计变更并非是由设计错误而引起的，而是因为一些外部的客观条件而造成的，比如：外部设计输入条件的变更、设计基础的存在问题、业主的额外请求等。在此情况下，就须对设计变更进行影响评估，包括对费用、进度的影响。

因此，通常须按照以下步骤进行设计变更的控制管理：

① 确定设计的变更方案；

② 对比原始设计方案，确认变更范围及内容；

③ 评估变更的性质；

④ 评估变更造成的费用、进度影响；

⑤ 向业主申请索赔(对业主变更)；

⑥ 索赔申请批准后正式出版设计变更文件(对业主变更)。

4.9 设计准入与分包管理

当项目由于人员能力、人力负荷和承包商经验等情况，承包商在某专业或专项任务上需要引进外来资源，共同完成项目中相关的设计任务。

设计过程是所有过程中最重要和最复杂的过程。根据 ISO 9001 的要求，对设计分包不但要按 ISO 9001 条款 7.4(采购)条款，而且要按 ISO 9001 条款 7.3(设计控制)条款进行控制：

(1) 选择合格的分包商

通常在境外项目中，可以直接从业主提供的设计分包商准入名单中进行选择；

对不在名单上的设计分包商的选择，首先应该明确对设计分包商的要求，发出 ITB 或相应的分包邀请文件，要求候选对象提交相关的资质、证书、公司简介、业务经验等支撑文件，在得到反馈信息后，进行技术评估，在技术评估合格的基础上，进行商务和综合评估，并按规定供业主进行资格审批。在设计分包商选择过程中，可提出问题要求澄清，面试关键岗位人员。

(2) 明晰分包合同条款

保证承包商的责任完全转移，即承包合同中对设计的要求，设计分包合同中同样要求。按照英美法系合同签订惯例，合同条款要精细、清晰。明确采用的技术标准和规定、设计控制程序、设计文件提交进度、版本、分级、电子文件要求和检查审核、审批、报告、会议、协调联系要求等。

(3) 过程控制和协调

承包商设计程序和计划等执行文件应适用于设计分包商，通常包括设计文件编制统一规定、文件流转程序、文件内部校审规定、文件外部审批的程序等，同时，应编制针对设计分包的管理文件。定期召开有关会议，包括开工会、协调会，以及针对关键节点的设计审查会。在项目协调程序中，应明确设计分包的协调规定，包括文件出版、编号、传送，以及其他会议、通信等需要协调的要求。需要时，可指定专职人员全程协调和追踪，以便在第一时间发现各类问题，及时有效处理。

明确设计文件编号和版次要求看似不起眼，其实非常重要。要给予设计分包商设计文件一个合适的区域，并和承包商的文件系统相容，某项目由于给予分包商的文件编号区域不合适，造成最后分包商提供的设计文件和承包商其他设计文件重号，产生不必要的对文件编号的返工。

(4) 成品控制

无论分包前是否经过预评审，设计中是否安排过程检查，设计成品必须经过各专业的验证和确认，该验证和确认不仅仅是起到控制质量的要求，也是让承包商各专业和分包商在界面上可以互相衔接。

第 5 章　采购质量管理

境外工程项目的采购管理主要有以下几点不同于境内项目：

① 供应资源的不同，可能有当地成分的强制要求；

② 检验范围扩大，可能需要在全球范围内进行检验；

③ 物流管理难度大，可能涉及地域和气候等条件的限制；

④ 货物进出口国的海关和商检政策的不同。

本章介绍的采购程序，是保证采购过程和采购产品符合质量要求的基本程序。在境外项目中针对具体的环节，应充分考虑以上不同之处，并采取相应措施，具体应对原则和实施方案将在以下相关章节中叙述。

5.1　采购实施计划和采购执行过程简述

5.1.1　采购实施计划

采购实施计划，是项目采购管理的指导性文件。其编制依据是总承包合同中对于采购的要求和承包商的采购管理规定，一般包括如下几个部分：

① 项目情况介绍以及采购在整个项目环节中的责任和要求；

② 定义，针对项目采购管理过程中常用的一些名词的解释和定义；

③ 目标和工作范围，将总承包合同中采购的工作范围明晰的在采购策划中表述出来，便于所有采购人员在采购执行过程中明确工作范围；

④ 供应商和分包商的管理，在采购策划进行简述，同时需要编制《供应商和分包商资格审查程序》，并在《项目采购程序》中阐述供应商和分包商名单的确定以及管理程序；

⑤ 适用的条款，需要编制针对项目要求的通用采购条款和标准采购合同文本；

⑥ 备件策略，按照总承包合同的工作范围和要求，编制针对项目的备件策略，这部分内容需要和项目设计和材料控制沟通后确定；

⑦ 材料控制功能，配合项目的材料控制程序，明确采购在材料控制环节中需要承担的工作范围及工作界面；

⑧ 物流管理，需要编制针对项目的《包装、标识和运输说明》和《物流程序》；

⑨ 采购程序，需编制针对项目的《项目采购程序》，其中需要明确各岗位的工作范围和职责、采购工作流程等内容。《项目采购程序》应有采买程序、催交程序、检验程序、物流程序及现场服务程序等五大部分组成，一般是在承包商的公司标准程序基础上，针对项目的特殊要求进行修改而成。《项目采购程序》由采购经理编制或牵头编制，并需要报部门和项目经理批准。

5.1.2　采购执行过程

采购执行过程见图 5-1，典型的项目采购工作流程示意图。

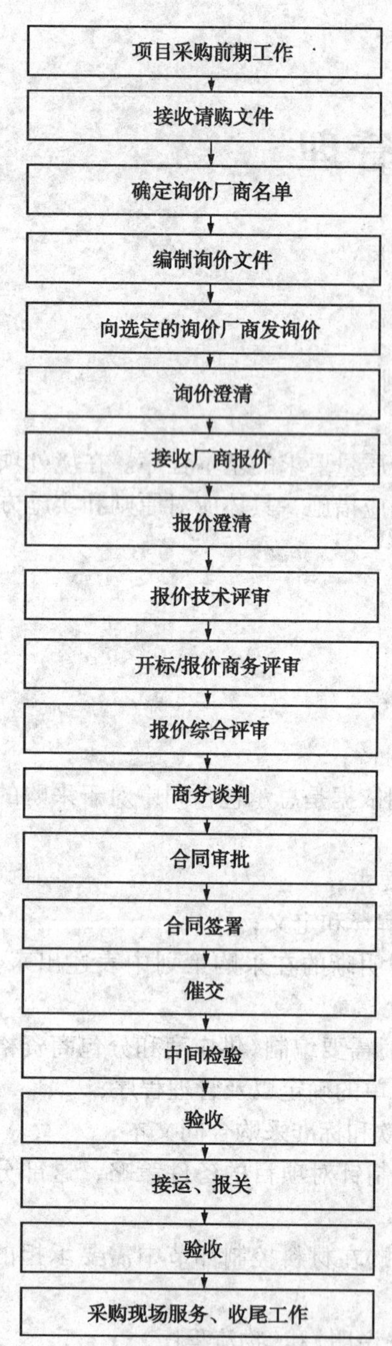

图 5-1　典型的项目采购工作流程示意图

5.1.3　采购合同或 MR 中对质量的要求

承包商需要出版《供应商质量控制要求》的工程规定，并随询价文件一同发出，以便明晰地告知报价厂商对于质量控制的要求。同时，技术请购文件(Material Requisition)中，需要有关质量要求的专篇，并明晰告知承包商对于检验测试计划(Inspection and Testing Plan)的要求。

5.1.4　采买

采购经理负责组织编制《专业采购进度计划》，用于初步确定请购文件的出版时间以及各采购主要进度节点。主要进度节点包括询价发出、报价截止时间、技术评审、商务评审、综合评审、合同签订，开工会、预检会、图纸提交时间、最终检验时间、发货日期和到货日期。

采买工程师在接收到请购文件后，按照制定的《专业采购进度计划》进度阶段，开展询价工作。

发询价之前，必须按照承包商的《项目采购程序》，确定询价厂商名单。关于询价厂商名单的确认及预评价程序，详见“5.2.1 项目合格供应商确定”。

采买工程师按照《项目采购程序》执行采买工作，直至采购合同签订并参加开工会(如有)。采买工程师职责见“3.5 项目质量管理组织机构和职责”。

采买工程师的工作内容及方法：

① 根据项目批准的《项目总进度计划表》，在承包商采购部门和采购经理的组织下负责组织编制所对口的设备、材料《专业采购进度计划表》；

② 根据设计提供的请购单和技术规格书，承包商采购部门和采购经理从批准的《项目合格供应商名单》中推荐的合适供应商，负责编制所对口的设备、材料询价供应商名单；

③ 根据批准的标准询价文件，负责编制所对口设备、材料的询价文件交项目采购经理进行审批；负责将批准的询价文件发送给批准的询价供应商；

④ 负责在规定日期内接收询价供应商的报价并移交采购文档资料管理人员；

⑤ 负责召开厂商澄清会，并撰写会议纪要；

⑥ 负责在设计人员完成对供应商报价的技术评价后，按承包商的相关规定对供应商密封的商务报价进行开启并做好登记，负责完成对项目询价厂商的报价进行商务评价，由专业组组长、采购经理校核后，报项目费用控制人员审核，交项目采购经理批准；负责编制项目询价厂商报价的综合评价表并按承包商相关规定进行审批，负责向综合评价确认的中标供应

商发出《合同意向书》；

⑦ 根据批准的标准采购合同文本和附件，负责编制所对口的设备、材料采购合同文本和附件，并按承包商规定程序完成采购合同审批签订工作；

⑧ 参加由项目采购经理召开的项目采购工作会议，如实反映工作情况；

⑨ 根据需要参加催交人员主持的开工会和检验人员主持的预检会；

⑩ 配合材料控制人员做好材料控制工作；

⑪ 协助项目采购经理协调项目采买与供应商之间的工作关系；

⑫ 负责定期向采购经理提交所对口合同的最新采买状态报告；

⑬ 根据项目要求协助项目采购经理组织做好项目剩余物资的处理工作；

⑭ 项目结束后，协助采购经理做好项目采买工作总结并协助项目采购经理做好供应商评价工作。

5.1.5 催交

催交工作包括货物催交和文件催交两部分。

催交工程师按照《项目采购程序》执行催交工作。催交工程师职责见“3.5 项目质量管理组织机构和职责”。催交工程师的工作内容及方法：

① 催交工程师获得合同或中标通知书后，在催交主管的指导下，负责编制设备、材料的催交计划，报采购经理审核。设备材料的催交等级按照《项目采购程序》中的要求进行定义。

② 设备、材料催交计划应规定每个采购合同的催交工作里程碑。

③ 对于关键的或长周期设备，为了随时掌握其进度，在催交计划中应规定访厂或驻厂日期。

④ 催交计划应根据项目进度和现场要求不断调整，以满足施工进度。但调整后的催交计划必须经采购经理的批准。

⑤ 在执行催交计划过程中，催交主管应对催交工作进行监督和管理。

5.1.6 检验

检验针对的是设备材料的实物检验，通常境外工程项目采购的检验会委托第三方检验商执行，承包商按照自身管理特点，任命检验协调员，以协调采买、催交、运输、供应商以及第三方检验商。

详见“5.3 项目采购检验工作程序”和“5.8 专业检验机构检验管理”。

5.1.7 现场物资接收、检验和管理

① 货物运抵现场后，由现场组组织现场施工管理、第三方监督人员、施工单位、供货单位(如需要)和顾客代表(如需要)等，安排开箱检验，并详细填写《设备材料开箱检验报告》及货物不符合报告(如有)。对验收合格的物资办理入库移交手续。由业主采购的物资，应与业主协商明确交付程序。

② 物资检验后，办理验收入库和交接手续，随机资料随设备材料一起交仓库管理人员。由现场采购人员填写入库单，库房管理人员签字后归档。

③ 如发生货物残损、短缺、遗失情况，加以记录与收集，并详细填写《设备材料开箱检

验报告》及货物不符合报告（如有），由相关人员签字确认后，返回催交工程师。由催交工程师负责跟踪和协调处理，直至不符合报告关闭。

5.1.8 采购文件控制

采购文件包括两个部分，一部分是采购综合管理文件；另一部分是采购过程文件。采购过程文件通常按照请购文件进行分类管理。

（1）采购综合管理文件

主要包括：项目采购开工报告，项目采购人员安排表，项目采购计划，项目合格供应商名单，项目采买计划，项目催交计划，项目检验计划，项目运输计划，项目标准合同条款，采购工作月报，供应商评审报告，文件归档清单，与业主/供应商往来文件（项目通用），项目采购完工报告等。

（2）采购过程文件

① 采买过程文件　主要包括：设备/材料请购单，询价厂商名单，询价文件，报价书，报价澄清会会议纪要，技术报价评审表，项目开标记录，报价商务评估表，报价综合评审表，厂商协调会会议纪要，中标通知书，采购合同会签单，采购合同，采购变更单，修正订购单，专业采购进度计划等。

② 催交过程文件　主要包括：首次传真催交，设备/材料催交计划，开工会纪要，供应商过程文件，警告通知，催交报告，包装和发货放行单，详细装箱单，供应商交工资料，付款通知单，采购月度用款计划，采购付款状况表等。

③ 检验过程文件　主要包括：询价厂商名单，询价文件，报价书，项目开标记录，报价澄清会会议纪要，报价综合评审表，采购合同会签单，检验大纲，检验监造服务合同，预检验会议（PIM）纪要，测试设备校验/使用记录，中间检验报告，最终检验报告，不符合报告，检验测试申请，检验任务派遣单，检验工时表，检验放行单，检验状态表等。

④ 运输过程文件　主要包括：询价厂商名单，询价文件，报价书，项目开标记录，报价澄清会会议纪要，报价综合评审表，采购合同会签单，货运代理合同，超限货物运输方案，到货计划，到货通知单，装箱清单，运输状态表等。

⑤ 现场接货文件　主要包括：装箱清单，完税单据，设备材料开箱检验报告，设备材料入库单等。

（3）采购文档管理人员的工作内容

① 采购文件的编码规定　所有采购文件的编码，应全部按照《项目文件编码规定》的要求，进行统一编号。

② 采购文件的归档、存放　文档管理人员应以收到文件的时间先后顺序，或按照采购经理的要求，将采购综合管理文件单独归档并存放。

文档管理人员以设计请购文件为单位制作文件夹，相关责任人员将采买、催交、检验、运输、现场接货等相关文件交文档管理人员进行归档，文档管理人员以收到文件的时间先后顺序进行登记、统一编号，组成此请购包采购全过程质量文件，并按项目要求存放在指定场所。

采购合同、采购变更单、修正订购单等签订后，采购文档管理人员按照承包商的采购合同管理的规定进行分发。

付款相关文件如付款通知单、付款收据、增值税发票、预付款保函、质保金保函、设备/材料开箱检验报告、设备/材料入库单等，应由相关责任人员单独归档和存放，在质保期结束且质保金余款付清后者质保金保函失效后，按承包商的档案管理要求进行归档。

文档管理人员收到相关文件并登记后，应及时按采购文件分配表的要求将相关文件进行分发，并要求所有收件人进行签收。

③ 项目完工后的文件归档　项目完工后，除付款文件应在质保期结束、质保金支付后进行归档外，文档管理人员应按总承包合同的档案管理要求，将需要归档的文件进行整理并填写文件归档清单，承包商的档案管理人员验收合格后，完成项目采购文件的归档工作。

5.1.9　材料控制

所有采购人员必须遵照《项目材料控制程序》，负责将所有采购合同信息录入材料管理系统，并及时维护。Marian 软件作为国际较为流行的材料控制软件，已大范围地运用于境外炼化工程项目。

Marian 软件可用于设计、采购、仓库管理、施工管理全过程的材料管理，同时还具备采购环节的催交、进度控制的功能性模块。关于该软件的运用，境内大型的 EPC 承包商都具有 10 年以上的使用经验。在项目执行阶段，各专业的设计工程师按照 Marian 软件的材料导入料表模板，将设备材料清单编制完成后，交由项目材料工程师录入系统，并由 Marian 软件自动按照请购文件分类规定，形成技术请购文件。采购工程师在 Marian 系统中接收请购文件，在完成采购合同后，将采购合同录入 Marian 系统。催交和进度控制工程师，就可以在系统中将计划和实际的合同执行情况实时录入系统，形成整个采购合同的实时跟踪。在设备材料运抵现场并验收合格入库后，现场材料工程师在 Marian 系统中完成材料接收，并在系统中形成入库单，同时在对施工承包商发放设备材料时，形成出库单，同时项目财务人员可以在系统中实时了解设备材料的出库情况，以便配合承包商采购部门及时进行款项的支付。

5.1.10　采购与施工、设计的界面管理

(1) 采购与设计的工作接口关系(包括但不限于)

① 项目前期：

a. 项目设计经理负责组织设计各专业编制项目的设备表、设备/材料重要性等级表(必要时提供)，并提供请购文件的出版计划。

b. 采购负责编制/出版采购进度计划，若采购进度计划与设计文件出版计划有矛盾时，由项目经理负责协调。

c. 采购负责编制项目采购询价商务文件。

d. 采购与设计协商确定询价分包商案。

e. 采购负责与项目业主及设计进行协调并确定项目采购询价厂商名单。

② 采买阶段：

a. 设计负责按计划编制并出版请购文件(包括需求数量、技术规格和要求、质量标准及文件要求等)。

b. 各专业编制的设备请购文件，应经项目设计经理和材料控制工程师批准后提交给采购；各专业编制的材料需求数量，应提交给项目材料控制工程师，并由其按项目材料裕量规

则确定裕量或批准后提交给采购。

c. 采购负责编制具体采购包询价文件、发出询价、接收报价、组织报价澄清，负责商务评价、组织综合评审及采购合同评审并完成采购合同签订；询价厂商的技术报价由采购交给设计进行评审；采购负责归口收集设计与询价厂商签订的技术协议和采购合同的技术附件并交送项目文档。

d. 设计参与采购组织的报价澄清，负责报价技术澄清并形成书面技术澄清纪要；负责对询价厂商的技术报价进行技术评审并提出书面评审意见；负责签订技术协议；负责确认采购合同的技术附件。

③ 催交和运输阶段：

a. 采购负责组织催交开工会，依据合同进一步明确合同进度节点，包括设计文件和供货商文件的交付时间节点。

b. 采购负责与供应商进行工作联系；设计可以直接与供应商交流或讨论一些技术问题，但其结论应及时书面告知采购，以利采购进行合同管理。

c. 采购负责按进度计划要求对设计负责编制的设计文件进行催交，并将出版的设计文件和图纸提供给供应商；同样，采购负责按进度计划要求对供货商负责编制的供货商文件进行催交并将供应商提交的供审核确认的文件和图纸提交给设计。

d. 设计参加催交开工会，负责按计划出版供应商制造用的设计文件和图纸。

e. 设计负责按规定审核供应商提交的文件和图纸，提出修改意见或予以确定；经设计审核的供应商文件和图纸以及审核意见由采购返回给供应商；上述审核工作是多次或反复的，供应商提交的供审核的文件包括先期确认图纸(ACF)、最终确认图纸(CF)以及焊接工艺评定和检验测试计划等。

f. 超限设备的运输由采购负责委托专业公司进行，设计负责对超限设备的运输状态进行确认(包括尺寸、重量和设备状态等)并根据项目要求参加超限设备运输方案的评审。

g. 若项目或采购进度计划需要调整或变更，设计和采购应在项目经理的组织和协调下协商确定。

④ 检验阶段：

a. 采购负责根据设备重要性划分检验等级，设备的重要性等级由设计提供或由项目确定。

b. 采购负责组织检验预检会，相关专业设计人员参加检验预检会。

c. 采购负责按检验计划组织或委托专业检验机构进行检验，编制或审核检验报告。

d. 采购负责接收供应商提交的变更申请，设计负责审批。

e. 对检验过程中发现的与合同要求不一致的情况，采购有责任督促供应商整改。对于由于各种原因形成的难以整改的不一致，采购须将不一致报告提交专业设计负责人审核确认，设计经理批准，必要时可提交专业室/项目组或公司等进行评审。

f. 采购负责组织处理制造过程中出现的质量问题，设计有责任处理制造过程中出现的有关设计和技术质量问题。

g. 采购负责组织所采购物资的检查和验收，设计参加重要设备或材料的检查和验收(包括过程检查和出厂前产品测试等)。

h. 采购负责审核供应商交工文件(VDB)中的完整性，设计负责审核供应商交工文件(VDB)中的相关技术内容。

(2)采购与施工管理的工作接口关系(包括但不限于)

① 项目前期:

a. 采购负责编制/出版采购进度计划，施工管理负责编制施工进度计划；对采购物资运抵现场交付安装的时间，由采购与施工管理进行协商，若采购进度计划与施工进度计划有矛盾时，由项目经理负责协调。

b. 采购和施工管理在项目经理的组织下，确定分交给施工分包单位采购的物资范围，施工管理负责将上述分交内容纳入施工分包合同。

c. 关于工厂制造带现场安装的采购合同，由项目经理会同采购、控制经理、施工经理协商确定采购原则，包括供货范围及交付状态、工作界面、管理职责分工等。

② 采买阶段:

a. 对涉及由供应商到现场安装施工的设备采购(如冷却塔等包设备、现场制作罐等)，采购应邀请施工管理人员参与评审或合同谈判。施工管理有责任对现场施工范围、施工条件、施工管理、安全管理、设备调试和现场协调等方面进行澄清和明确。

b. 超限设备的运输由采购负责委托专业公司进行，施工管理应协助采购与业主协调落实现场道路或运输条件，并负责确定超限设备的现场卸车和安装方案。

③ 催交和运输阶段:

a. 采购负责定期更新并发布采购物资交付计划。若采购物资不能按计划进度交付并将影响施工进度时，采购应及时将信息反馈给施工管理，以便施工管理尽早进行计划调整。

b. 若实际施工进度偏离计划或施工计划进度发生变更，施工管理也应及时通知采购。

c. 施工管理负责根据项目采购物资交付进度计划做好接收准备。

d. 采购人员应提早将到货的日期及相关接收及存放要求通知现场施工管理人员和仓库管理人员，以便施工提前准备好放置地点及起吊工具，完善接受条件。

e. 现场施工管理根据采购提供的到货日期及要求，做好接货、卸货和存放准备工作。

f. 施工管理负责对由供应商承担的现场制作进行协调管理。

④ 检验与验收:

a. 现场施工管理应提前准备好开箱检验用的工具、量具，以及必要的机具等。

b. 现场采购人员负责组织开箱检验，施工管理人员或库房管理人员负责安排开箱人员并参与开箱检验，并邀请施工单位、监理、业主代表和供应商代表(如需要)参加。开箱检验主要是数量(包括货物和文件)的清点和外观检查，并详细做好检验记录。

c. 开箱检验中出现的产品质量问题及缺件、缺资料等问题，应在检验记录中作详细记载，由采购负责与供应厂商联系解决。

d. 物资检验后，办理验收入库和交接手续，交工资料(包括供应商的竣工文件)随物资一起交仓库管理人员。

e. 对于尚未开箱检验的物资，如采用抽真空、氮封等特殊包装措施的设备、材料，双方可办理预验收和交接备忘，仓库管理人员应做好保管工作，待临安装时再开箱检验。

f. 对有毒、有害或有放射源的设备、材料，采购须按相关规范确保专业运输并将相关存放等要求提交给施工管理。施工管理及仓库管理要确保有专门的储存地点和保管措施。

g. 对由施工分包单位所采购物资/材料的检验由施工管理负责。

⑤ 安装调试阶段：

a. 对于工厂制造带现场安装的采购合同：采购负责按合同范围审查、并提供供应商及其分包商的单位和人员资质；施工管理负责组织供应商（采购配合），按业主及现场项目管理要求，报审相关资质文件及施工方案，获得业主批准，并取得相关现场许可证后，方能进行现场安装；现场安装前，施工管理应组织设计、采购、供应商、施工单位及相关人员，详细研究落实设备进场及吊装、施工的各项具体工作和相应的安全监管措施。

b. 施工管理应事先将试车调试计划提交给采购，采购负责组织相关供应商做好试车服务准备工作。在具体设备试车或调试前，施工管理应提前书面通知采购。

c. 采购应根据施工管理的要求，及时组织供应商到现场参与单机试车工作。若设备在安装和试车过程中，出现与制造质量有关的问题，采购应及时与供应商联系，找出原因并采取相应措施加以解决。

⑥ 收尾阶段：

a. 项目完工后，仓库管理人员负责对剩余（库存）物资进行归集和盘点，应分类清点库存物资并汇总。同时应与材料出入库台账核对并分析差异，编制盘点表。

b. 采购负责确认剩余物资的原始采购费用。

c. 采购与材料工程师共同分析和提出剩余物资分类处理的办法报项目经理审核。

d. 项目组负责按公司相关的剩余物资处理程序实施，并保留有关处理的记录资料并编制剩余物资处理结果报告。

5.2 对供应商的质量管理

5.2.1 项目合格供应商确定

通常情况下，业主会在承包合同签订时提供一份《项目合格供应商名单》，用于限定整个项目供应商的选择范围。

承包商需要编制针对项目的供应商资格预审的程序，用于增补新的供应商进入《项目合格供应商名单》。供应商资格预审程序分为三个步骤：①供应商填报一般信息表；②承包商和/或业主组织工厂考察；③承包商和/或业主进行内部评估。“附件 4 供应商预审调查表示例”为三个步骤所需的文件样本。

参与供应商资格预审的人员应该包括项目质量经理、采购经理、采买工程师、检验协调主管等，如有需要还需增加业主的相关人员。资格预审的内容应该至少包括供应商一般信息、供应产品明细、人员情况及资质、是否具有完整的质量保证体系并有效执行、设备及机具情况、销售业绩等。

所有询价厂商名单（即短名单）均应由采买工程师在《项目合格供应商名单》中选取，并按照承包商的《项目采购程序》进行报批，如业主有特殊要求，询价厂商名单还需提报业主审批。完成所有报批手续后，采买工程师才能够发出询价。未在《项目合格供应商名单》的供应商，在未经过资格预审之前，不得向其询价。

5.2.2 对供应商的质量控制

① 供应商应严格按照采购合同和适用的规范标准对生产的设备和材料进行检验和测试。

② 供应商应提供其主要分供应商名单供承包商审核批准。

③ 供应商应按合同要求提交“供应商 QA/QC 文件”，经承包商或其代表(检验员)审核后方可开始生产。

④ 供应商要确保将所有技术和检验测试要求贯彻到生产每个环节，包括其分供应商。承包商或其代表有权审核供应商及其分供应商的 QA/QC 控制体系。

⑤ 供应商应为承包商、业主或其代表提供一个符合 HSE(HSSE)管理体系及环境管理体系要求的工作环境。

⑥ 供应商应保证：

a. 承包商/业主的检验员在设备、材料的生产和试验过程中，有权在任何合理的时间自由出入制造厂。

b. 承包商/业主的检验员有权见证采购合同和其他经共同批准的检验测试项目。

c. 承包商/业主的检验员有权要求供应商提供最新的制造图纸和文件。

d. 无偿地向检验员提供所需的特殊检验测试工具。

⑦ 承包商的检验放行单并不能解除供应商应满足采购合同要求的所有责任和义务。

5.2.3 供应商检验试验计划和质量计划的审核

供应商应提交检验测试计划(ITP)，必要时提交质量检验计划，经承包商审核。

检验测试计划(ITP)应包括以下内容：

① 适用的规范和标准；

② 标注检验点的生产制造流程；

③ 检验测试方法包括测量工具、测试项目、计算书、检验员资质等；

④ 标准参考值；

⑤ 检验测试记录；

⑥ 需作试板时，应写明试板方法；

⑦ 承包商的见证点和停止点。

5.2.4 业主批准

供应商提供的检验测试计划(ITP)经承包商审核后报业主批准。

5.3 项目采购检验工作程序

5.3.1 项目采购检验工作流程

项目采购检验工作流程见图 5-2。

5.3.2 项目采购检验工作主要内容

(1) 编制项目采购检验计划

项目采购检验主管应在采购经理的指导下，编制项目采购检验计划。项目采购检验计划是对项目采购计划的深化和补充，应明确检验目的、检验范围及检验依据，同时明确业主对项目采购检验工作的特殊要求及拟采取的措施，项目采购检验计划中还应包括制订项目采购

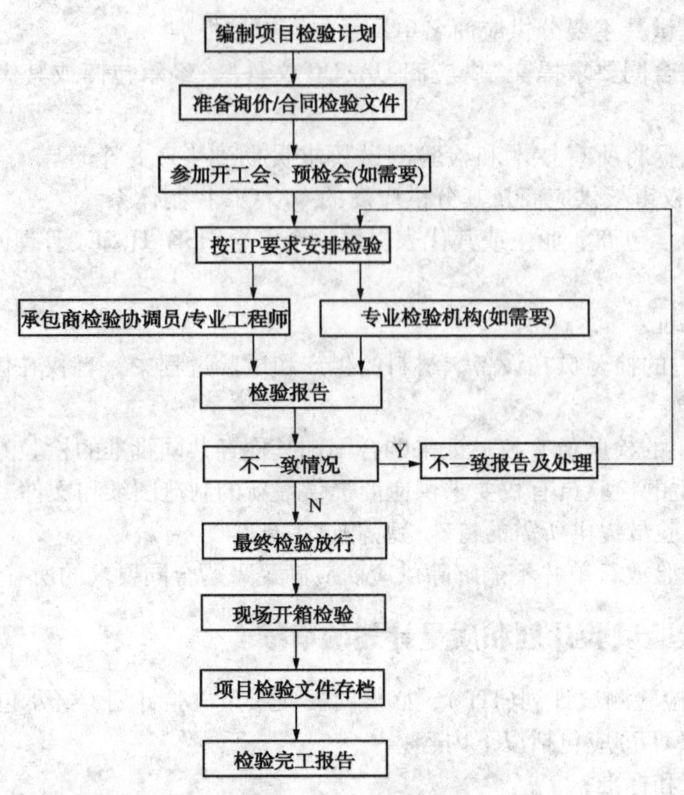

图 5-2　项目采购检验工作流程示意图

检验工作程序以及项目采购检验成本估算。

（2）设备材料质量分类和检验方式的划分

各专业检验协调员需与相关设计人员就所有技术要求、质量分类、检验要求及检验点等进行澄清，并形成会议纪要。若需要，可邀请业主参加。根据设备、材料在工程中的重要性等级(质量分类)，安排不同的检验方式。见表 5-1。

表 5-1　设备材料质量分类和检验方式示例

质量类别	质量分类原则	质量控制参考措施	典型物资
A类	用于生产主流程，如出现质量问题，对安全生产、石油石化产品质量有重要影响的物资	1. 驻厂监造(进口物资可采用关键控制点检验)； 2. 明确主要外购原材料、外协件分供方范围和关键控制点； 3. 明确需监造的外购原材料、外协件范围及监造方式； 4. 制定全流程采购控制计划	《中国石化重要设备材料监造管理办法》中重要监造设备目录所列钻机、反应器、压缩机等物资
B类	如出现质量问题，对安全生产、石油石化产品质量有较大影响的物资	关键控制点检验(含出厂检验)	一般塔器、离心泵、合金钢管等物资
C类	一般材料、备件和易损、易耗物资	到货后，采用外观检验、理化分析等手段进行复检	普通钢板、耐火材料、中低压电缆等物资

(3)预检会

为确保供应商及其分供应商完全理解并贯彻项目的质量控制要求，如承包商或业主需要，在供应商 ITP 批准后，设备和材料制造前，应召开由承包商、供应商和/或业主参加的预检验会议，会议主要确认以下内容：

① 供应商的 QA/QC 体系和组织机构；

② 供应商的供货、工作及服务范围；

③ 供应商的生产计划；

④ 供应商的文件、图纸状态；

⑤ 与设计工程师澄清特殊制造要求；

⑥ 生产制造和质量控制的特殊要求；

⑦ 需做的试验及其标准参照值；

⑧ 承包商和业主要求的见证点、停止点和检验点；

⑨ 需检查的过程记录表、原材料合格证等；

⑩ 承包商的货物放行程序；

⑪ 检验计划(总体及月度)；

⑫ 分供应商合同情况；

⑬ 承包商和业主对产品的质量要求重点；

⑭ 详细地澄清承包商检验员参与检验的范围和深度。

(4) 供应商总体检验计划和检验测试申请(AFI)

① 一般在合同签订 1~3 周内，供应商应提交总体检验和制造计划，要求每月定期提交更新版；

② 供应商应每月定期提交月进度报告，报告中应详细说明本月检验工作情况及下月检验工作安排；

③ 供应商一般应提前 10 个工作日以传真或其他适当的方式，向承包商提交检验测试申请(AFI)。主要内容如下：

a. 合同号/位号/货物名称；

b. 检验日期和时间；

c. 检验地点(工厂地点)；

d. 联系人/电话号码/传真号/E-mail 地址。

(5) 停止点

在供应商被批准的 ITP 或其他有关文件中规定的停止点，只有承包商和/或业主的检验员进行检验或收到承包商书面的放弃检验通知后，供应商才能进行下步工序。

(6) 检验放行

最终检验完成并满足下列条件，承包商项目检验主管可向供应商出具检验放行通知单：

① 供应商已出具产品合格证；

② 供应商的检验和测试报告已经采购方审核；

③ ITP 上的见证点已全部完成；

④ 采购方已签发不符合报告放行单；

⑤ 供应商交工文件(VDB)应完整、有效。

需要重点注意，由于工程项目在境外，因此通过海运方式运输的设备材料需要特别的运输防护。在项目运输包装要求中，必须详细列出各类物资的运输防护要求，同时，还要考虑在运输短驳时必要的装卸要求、运输过程中的支撑和包装强度。在编制项目运输包装要求时，可以咨询项目的物流商，要求其提出意见和建议加以完善。

最终检验放行时，承包商不仅要核对交工文件和设备材料，还应仔细检查运输包装，在运输包装检验合格后，才能开具检验放行单。必要时，可以邀请物流商共同参与包装检验。

5.4 采购不合格品控制

5.4.1 不符合报告

当制造和检验过程中发现与合同要求不符合的情况，供应商/检验员应立即向采购方报告并填写不符合报告(NCR)，要求在报告上详细描述其情况并提出解决方法。

5.4.2 不合格情况处理

不符合情况处理意见需由设计专业负责人审核，设计经理批准，重大不符合应报项目经理批准。必要时应报业主确认。

处理意见分下述三种：

① 继续使用/重定等级(Re-grade)：

修改不合格品的等级以使产品符合要求并区别于原有标准。(一般为降级使用)

在这种情况下，往往要求供应商修改图纸和制造工艺。

② 返工/返修(Rework/Repair)：

返工(Rework)：为使不合格品达到规定的要求对其采取的再维护、重新组装或者其他矫正方法。

返修(Repair)：为使不合格品符合预期要求所采取的行为。

返工/返修都要求供应商提供返工/返修方案，经设计审核批准后方可执行。

③ 拒收/报废(Reject/Scrap)：

要求供应商重新制作。

项目检验主管和专业检验协调员需跟踪处理过程，直至不符合状态关闭。

5.5 计量管理和原材料追溯

为确保用于检验、测量和试验的设备准确可靠，供应商应建立并维护一个保证其产品质量的校正、校验控制程序，并由承包商派遣检验员车间检验时进行验证。

在所有生产制造阶段，供应商应建立清晰的材料标识程序。且在产品的合格证和相关文件中应能详细地反应出这些标记和标识，为了便于承包商对材料进行追溯，供应商还应提供可反应出标识的材料一览表，保证材料的可追溯性。

5.6 产品包装标识和运输

承包商必须编制符合项目要求的《包装、标识和运输说明》，并作为项目工程规定发布。这份工程规定应定义各种设备材料的最低防护要求，用于确保设备材料从出厂、运输途中、现场卸货等各环节的产品包装、标识等防护要求。

5.7 维护和现场服务

采购的维护和现场服务由现场采购人员执行，其包括两部分工作，一是货物的现场接收及管理，详见“5.1.7 现场物资接收、检验和管理”；二是供应商的现场服务组织及协调，详见“5.12 供应商服务管理”。

5.8 专业检验机构检验管理

专业检验机构检验员在承包商项目专业检验协调员的直接领导下，开展各项工作，并接受其考核。

5.8.1 检验监造大纲

专业检验机构检验员应编制检验监造大纲，由承包商项目专业检验协调员审核。

5.8.2 检验工作内容的确认和问题的处理

(1) 定期报告

驻厂专业检验机构检验员每周提交《检验报告》，检验周报要如实反映供应商的质量和实际进度等情况，如遇到关键节点的，应附上相应的照片和报告。

(2) 工作日志

驻厂专业检验机构检验员每天应如实填写监造工作日志，内容包括每天进行的检验工作、检验项目的详细记录。工作日志留监造现场以备查，并接受承包商的审核，工作结束后移交承包商。

(3) NCR 报告

驻厂专业检验机构检验员，发现供应商违反采购合同、技术附件、图纸、项目工程规定和违反制造厂质量管理制度等问题应及时汇报，对重大问题需出具 NCR 报告，厂方签字确认，并第一时间通知承包商项目专业检验协调员，承包商立即组织相关人员进行问题的处理，在没有得到承包商正式通知前，专业检验机构检验员无权单方面进行处理。

(4) 见证点、停止点等专项报告

专业检验机构检验员要及时向承包商专业检验协调员提交见证点、停止点等专项报告。

5.8.3 驻厂专业检验机构检验员的考勤管理

(1) 检验人工时确认

检验员每月提交一次《检验工时表》，承包商项目专业检验协调员负责根据实际情况进行审核、确认，检验人工时表由项目检验主管批准。

(2) 加班工时确认

加班需要提前一天以Email或Fax的形式向承包商项目专业检验协调员提出申请，申请中说明加班的详细内容，加班后如实填入检验工时表的加班工时栏。承包商项目专业检验协调员负责审核。

(3) 请假制度

检验员如需要离开监造现场，必须事先请假，24h以内由承包商项目检验协调员批准，1~3天由项目检验主管批准，超过3天必须换人。

5.8.4 驻厂专业检验机构检验员的考核

(1) 承包商项目专业检验协调员巡检

承包商项目专业检验协调员不定期对各个监造现场进行巡检，主要考核驻厂检验员的工作态度和业务能力，发现有不称职和违纪的人员必须进行更换，由其造成的重大质量问题要追究专业检验机构的责任。巡检后3个工作日需向项目检验主管提交巡检报告。

(2) 专业检验机构对检验员的管理和考核

专业检验机构协调员要不定期到各监造现场检查驻厂检验员的工作，并提供技术支持。巡检后3个工作日需向承包商项目检验主管提交巡检报告。

专业检验机构协调员要不定期到承包商总部参加协调会，主要解决检验与监造委托合同执行中存在的问题和检验员的调配。

(3) 业主的意见

业主是服务的最终受益方，其意见和建议是对专业检验机构考核的重要依据，项目检验主管要及时与业主沟通，通报检验工作进展，征求业主的建议和意见，不断提高检验工作的主动性和预见性，让业主满意。

5.8.5 检验例会制度

专业检验机构协调员要不定期到承包商总部参加检验例会，对前段的项目监造情况进行通报。对于出现的重大监造质量问题要召开项目检验专题会，深入分析解决问题，不断完善项目检验管理体系，提高项目检验工作质量。

5.8.6 检验工作总结报告

检验监造完成后一周内，驻厂检验员要提交检验工作总结报告，内容包括：检验工作总结，供应商质量管理体系运行情况，设备材料质量情况等。

5.8.7 境外项目常用第三方检验机构介绍及管理

第三方检验机构的选择策略，是境外工程项目的检验管理关键。基本原则：一是，尽量采用设备材料制造地的检验机构；二是，利于沟通和协调。

对于产自中国的设备材料，基本使用中国石化境内项目常用的检验机构，一方面，中国的承包商对这些境内的检验机构比较熟悉，而且这些检验机构比较了解承包商的工作程序，配合起来比较顺畅。但需要提醒的是，承包商必须对派驻的检验员进行严格的审查，因为境外项目使用的标准规范往往是美标或者欧标，所以，必须选择熟悉此类规范的检验员。

对于产自境外的设备材料，建议选用国际上较大的检验公司，例如TUV、SGS等。这些检验机构，在很多国家都有分公司或者办事处，可以联络其中国公司，派遣产品所在国的检验员，一方面可以降低检验所需的差旅费；另一方面通过中国公司派遣，即便于联络、沟通和协调，也便于检验的归口管理。

5.9 催交管理

催交工作包括实物和文件催交，基本程序如下：

① 在项目采购经理的指导下，由催交主管编制项目催交工作实施计划。按照进度分级原则，对物资的催交方式进行分级，典型的进度分级原则见表5-2。

表5-2 物资催交进度分级表

进度等级	进度分级原则	进度控制参考措施	典型物资
一级	如发生进度问题则对生产建设产生重大影响的物资	1. 制定全过程采购控制计划，列出主要时间节点； 2. 明确主要外购原材料、外协件分供方范围和关键控制点； 3. 按全过程采购控制计划，每月采用电话、邮件或实地查看等形式检查进度一次以上，原则上每2个月赴制造厂检查一次以上；发现有迟交迹象或趋势，应逐月赴制造厂检查进度	制造周期大于12个月(含)长周期设备材料或位于工程建设关键路径上物资
二级	如发生进度问题则对生产建设产生较大影响的物资	1. 制定全过程采购控制计划，列出主要时间节点； 2. 明确主要外购原材料、外协件分供方范围和关键控制点； 3. 按全过程采购控制计划，每月采用电话、邮件或实地查看等形式检查进度一次以上；发现有迟交迹象或趋势，应逐月赴制造厂检查进度	制造周期为6~12个月的物资
三级	如发生进度问题则对生产建设产生一般影响的物资	现场巡检与电话、邮件询问相结合。发现有迟交迹象或趋势，应每周电话、邮件或实地检查进度	制造周期为3~6个月(不含)的物资
四级	如发生进度问题则对生产建设产生较小影响的物资	合同交货期过半时，应电话、邮件检查进度	制造周期为3个月以下的一般设备材料、备件等物资

② 催交工程师根据每个合同规定的进度要求，在催交主管的指导下，编制《设备、材料催交计划》，明确设备材料以及文件的各提交节点，用于指导后续的催交工作。

③ 催交工程师获得合同或中标通知书时，发出《首次传真催交》，核实供货厂商是否接到订货合同或中标通知书，建立与供应商的通信联系，明确合同后续的各方工作程序。

④ 在采买工程师协助下，由催交工程师组织、召集和主持催交开工会，同时完成《催交

开工会纪要》。开工会是催交工作的重要里程碑。

⑤ 催交工程师催交供货厂商按合同要求按时提交《提交文件目录及时间表》，并按项目要求定期更新。催交工程师在督促供货厂商按时提交文件的同时，对于要求确认后返回供货商的文件，催交工程师也要督促承包商的内部相关工程师及时审阅、批准返回给供应商。

⑥ 催交工程师要及时获得最新的分供应商的状态报告，检查供应商主要原材料、外协件和配套辅机的采购进展情况，监督供应商原材料采购过程。获得供应商的主要原材料、外协件和配套辅机的无价格的订单。

⑦ 催交工程师要经常与供应商保持联系，连续跟踪、检查供应商制造进度状态，获得供应商提交的最新制造进度表和工作负荷图表，监督供应商制造过程，检查供应商的制造、组装、试验、检验情况。定期向催交主管提交最新的《项目催交状态报告》，发现偏差，督促供应商采取措施纠正偏差，确保全部关键节点的进度，并向采购经理和催交主管报告；如有重大偏差，供应商不能纠正，马上签发《警告通知》，报催交主管批准后发送给供应商。对长周期或重要关键的设备以及制造进度明显滞后的设备，应周期性访厂或驻厂催交，并提交《催交报告》给催交主管。访厂或驻厂催交应遵守生产厂商及承包商的有关 HSE(HSSE)管理规定。负责及时催交供应商提交月检测计划表。参与、协助检验工程师召集预检会议；根据检验计划，负责及时催交供应商提交检验申请书；与供应商和检验工程师联系，确认中间和最终检验；在最终检验后，应由检验员确认最终检验放行单。

⑧ 在供应商包装、发运准备过程，催交工程师要检查供应商设备、材料包装和准备运输情况；当供应商的货物具备包装、运输条件和收到检验部门最终检验放行单后，签署《包装或发货放行书》，通知供应商包装、准备发运。与运输组协调，督促供应商在交货前一周提交《详细装箱清单》并确认，大型设备还需提交包装运输简图和运输方案，并提交给运输组及项目现场设备、材料控制组。

⑨ 货物到达现场后，应有专人负责安排开箱检验，并详细填写《设备材料开箱检验报告》及货物不符合报告(如有)。催交工程师负责接收现场签字返回的《设备材料开箱检验报告》以及货物不符合报告(如有)，应督促供应商解决货物不符合报告中提到的货物短缺、损坏等问题。

⑩ 采购合同款的支付由催交工程师负责。催交工程师根据采购合同及到货情况，填写付款申请单，附齐相关凭证，按照承包商内部的审批程序办理支付手续。

⑪ 催交工程师与供货商、设计工程师、采买工程师、检验工程师及其他相关人员之间的通讯联系，需告知或抄送给催交主管，如有必要，抄送项目采购经理，并将有关文件按照文档管理规定交文档控制归档。

⑫ 项目催交工作结束后，由催交主管编写供应商催交评估报告，对主要供应商从工程设计、文件提交、质量控制、发货及商务业绩等方面上进行评估，并提交给采购经理。为承包商对供应商的管理提供依据。

⑬ 催交工作基本程序见图 5-3。

图 5-3　催交工作基本程序示意图

5.10　物流管理

境外项目物流管理是境外工程项目采购管理的关键点之一，其中涉及项目所在国的地理位置特点、项目所在国的海关和出入境检验检疫的政策及程序等，这些因素直接影响项目物流费用和运输周期，尤其是初次在某国开展项目，更是需要提前开展物流调研工作，以便及时规避物流风险。

此外，物流商的选择也是至关重要的，特别是进入项目所在国之后的清报关及内陆运输，推荐选择当地的物流商或者是在所在国有分公司的国际物流公司。

通常，境外项目物流管理一般分为两个步骤，一是项目前期制定《项目物流计划》，二是项目执行阶段的运输计划。

5.10.1 项目物流计划

境外项目的物流管理是影响项目采购进度的关键环节之一。在项目前期的物流策划中，需要针对项目所在地的地理特点以及主要设备材料的潜在供应商所在地，制订《项目物流计划》。

《项目物流计划》一般需要包括如下内容：

① 项目所在地情况介绍；

② 从主要设备材料出口国到达项目现场的物流途径（海运、铁路、公路及空运路线、主要起运港、转运港和到货港的港口情况、每条运输路线的大致运输周期）；

③ 项目运输尺寸和质量限制；

④ 项目超限设备清单，同时还要依据预估的设备交货期，编制初步的设备材料批次发运计划；

⑤ 清报关的程序以及所需提交的文件清单。

5.10.2 运输计划

采购合同签订后，需要编制具体的运输计划。其目的是为了保证采购设备、材料按时运抵现场，一旦发现延误能及时采取措施，防止影响现场施工安装、造成整个项目工期的延误。

采购合同签订后，催交工程师应在 2 个月内，要求供应商提供“预装箱清单”，其中需要列明设备材料的大致包装数量、单箱尺寸和重量。项目物流工程师按照“预装箱清单”的内容、交货地以及合同交货期，编制针对单个合同的运输计划，同时综合多个合同的信息，编制批次运输计划。

5.10.3 项目物流管理程序

物流工程师按照《项目物流计划》，着手编制物流询价文件，同时按照项目物流特点，确定物流商短名单。

待批次运输计划完成后，完善物流询价文件，经程序审批后，发询价，按照采购程序确定最终的物流商。

鉴于境外项目物流的特殊性，承包商应在物流询价文件中明确要求物流商有针对本项目物流的信息平台，同时必须在承包商本部、现场以及项目所在国的到货港（如有必要）派驻人员，以便及时沟通和处理突发事件。

运输的一般步骤：

① 编制“特定减免税”清单。如果境外的承包项目享受所在国的税收优惠政策，那么承包商就必须按照所在国的海关规定编制“减免税清单”。项目物流工程师负责牵头编制这份“减免税清单”，其间，项目物流工程师需要协调物流商、采买工程师、催交工程师和供应商提供相关信息，以最终完成“减免税清单”。

② (备妥)发货通知。FOB 条件下卖方在备妥货物后向买方(承包商)发出货妥通知，CFR、CIF 条件下卖方向买方(承包商)发出卖方装船后的通知。

③ 设备/材料制造商发货前，向买方(承包商)发出发货通知，内容包括(货物待运日期、运输方式、合同号、货物名称、件数、总质量(kg)、总体积(m^3)、发运站(港)、到达站(港)。

④ 向进口国海关办理进口货物报关各类手续(包括关税减免税)。

⑤ 一般进出口货物通关的基本手续，通常是由下面 4 个基本环节组成：

a. 进境环节向海关申报；

b. 陪同海关查验；

c. 缴纳进口税费；

d. 提取货物等。

⑥ 到货通知。设备、材料等到货需提前通知施工现场，一般是 1 个月的预通知，10 天通知。

超限货物(大件)的到货需提前通知施工现场，以便其提前准备好放置地点及起吊工具，完善接受条件，一般是 2 个月的预通知，20 天通知。

⑦ 现场货物交接。货物到达现场后，应有专人负责安排开箱检验，核对到货数量及随货文件，并详细填写《设备材料开箱检验报告》。仓库管理员根据入库单，核验入库货物及相关质量文件，完成货物交接。

作为参考，“附件 5 采购案例”为一些境外项目采购实践中遇到的催交、检验与物流的案例。

5.10.4 海关及出入境检验检疫

境外工程项目需要承包商熟悉出进出口国的海关和出入境检验检疫的相关政策，具体操作由物流商执行。通常涉及海关的，主要是进口国的关税减免和出口国的出口退税，相关工作可由物流商协助完成；涉及检验检疫的，主要是进出口的施工设备、器械、设备材料、办公设备、生活物资等，由于每个国家的出入境检验检疫部门都有类似于中国的《法检目录》，因此承包商需要依靠物流商，对项目可能涉及的机具和物资进行梳理，并在货物发运前履行必要手续，以免物资在出入境时被检验检疫部门扣押而影响项目整体进度。

5.11 现场到货检验管理

现场到货检验及移交流程：

① 货物运抵现场后，由现场采购代表组织现场施工管理、仓库管理、监理、施工单位、供货单位(如需要)和顾客代表(如需要)等，安排开箱检验，并详细填写《设备材料开箱检验报告》及货物不符合报告(如有)。对验收合格的物资办理入库移交手续。

② 物资检验后，采购与仓库管理双方办理验收入库和交接手续，随机资料随物一起交仓库管理人员。

③ 仓库管理人员在材料管理系统中导出入库单，采购代表与仓库管理人员一同，按照

入库货物的型号、规格、数量等核对实物与入库单、装箱单，无偏差后在入库单上签字并由采购留存。与入库货物相关的交工文件，采购代表也需与仓库管理人员一同核验，确定后交由仓库管理一同入库。

④ 如发生货物残损、短缺、遗失情况，现场采购代表加以记录与收集，并详细填写《设备材料开箱检验报告》及货物不符合报告(如有)，由相关人员签字确认后，返回催交工程师；由催交工程师负责跟踪和协调处理，直至货物不符合报告关闭。

5.12 供应商服务管理

供应商的服务包括检维修及操作培训、现场安装指导两个部分。

采购应该出版关于这两部分服务的项目工程规定：《供应商培训计划》、《供应商现场服务要求》，这两份工程规定需要在询价时随询价文件一同发出，以便报价厂商能够明晰地了解承包商对于培训和现场服务的详细要求。

《供应商培训计划》应包括如下内容：

① 培训的内容：

a. 产品培训，以生产和操作为目的，培训对象主要是承包商的开试车人员以及业主的生产操作人员。

b. 检维修培训，以装置投产后的检维修为目的，培训对象主要是业主检维修人员、检维修分包商、业主的责任工程师，业主的质保工程师和业主的生产操作人员。

② 培训的流程；

③ 供应商培训人员的资格要求；

④ 培训文件的准备和提交程序；

⑤ 培训的时间计划；

⑥ 培训地点的定义(工厂和/或项目现场)；

⑦ 参与培训各方的责任和界面。

《供应商现场服务要求》应包括如下内容：

① 工作范围和责任的定义；

② 通知现场服务至现场服务完成的工作流程；

③ 考勤制度；

④ 报告制度，包括现场服务过程中的报告以及服务完成后的报告；

⑤ 供应商现场服务人员的资格要求；

⑥ 住宿、交通、通讯、医疗、保险、事故等的定义；

⑦ 费用结算及支付方式；

⑧ 现场服务的工作时间及节假日的定义。

供应商在项目后期开展现场培训及现场服务工作时，现场采购代表须按照《项目采购程序》中的工作要求，做好考勤以及供应商现场服务结果的确认，并积极配合项目组处理供应商现场培训和现场服务中出现的问题。

5.13 业主提前订货设备的采购管理

境外工程项目中，业主往往在授予 EPC 合同前，已经订货了部分长周期设备以及框架协议。对于这部分合同的执行，承包商需要根据承包合同的要求，在采购计划中单独描述其后续的催交、检验、物流和现场服务的工作程序和工作内容，尤其要清楚描述与业主的工作界面，例如第三方检验人员由谁派遣、检验费用由谁支付、货物运抵进口港时清报关工作由谁负责、货物运抵现场后的开箱检验由谁组织等等。

5.14 现场紧急采购

工程项目后期难免出现现场紧急采购。此时，交货进度是对采购管理最大的挑战。对于境外项目，承包商需要在项目采购工作开展的前期，就赴项目现场落实当地的供应资源。一般选择当地有库存的库存商作为紧急采购的供应商，这样可以在一定程度上缓解交货期的压力。同时，在项目前期规定采购裕量时，适当加大常规材料的采购裕量比率，以减少项目后期的紧急采购量。

对于紧急采购的质量管理，应仍按正常采购的质量管理程序进行，需要供应商提供完备的质保证书。但是，对于到货的材料，现场开箱验收时，必须更严格地进行检验，包括质保证书的审查、PMI 检测，阀门等的现场试压等等，以免出现材料偏差和质量缺陷。

第 6 章　现场和施工质量管理

6.1　现场和施工质量管理简述

6.1.1　总承包项目现场质量管理简述

总承包项目施工现场的特点是：现场成为了设计、采购以及工程实体化的汇集点，几乎所有相关方的工作最后都转移到施工现场；与境内项目比较，境外项目管理情况更为复杂，特别是对施工现场处于工业配套和工程服务不完善的国家和地区，这些相关方的人员和物资大部分都远隔重洋，来自五湖四海，增加了现场质量管理的难度；国际招标项目，相关方的组成、层次和背景更为多样，业主如果不聘请专门的 PMC 公司，一般也会自主组织团队或招聘人员组成联合项目管理团队，在现场对整个项目建设进行统一管理。

作为 EPC 承包商，首要任务是组建相关模式的管理团队，按承包合同顺利完成本工程的施工。目前，中石化炼化工程系统内一般由相应资质的工程总承包单位与施工单位共同完成施工现场的管理和施工工作，总承包单位和施工单位都应具备完善的质量管理体系并有效运行，由总承包单位负责施工现场管理和服务，施工单位负责施工过程管理。

6.1.2　总承包项目现场综合质量管理

总承包项目现场管理工作是包括设计、采购、施工、合同、安全、质量、界面、行政等工作的综合管理，总成包商需要依靠其全过程的项目执行能力，协调各方资源，对施工现场进行有效的管理，包括质量管理。

现场的设计工作主要为设计配合施工，现场的采购工作为接受到货设备/材料，现场最主要的工作是施工。现场综合质量管理包括协调各方质量管理工作，控制设计服务质量，采购质量，以及现场施工质量管理等。

6.1.3　总承包施工过程质量管理

（1）对施工分包商施工过程质量管理

详见“6.4 施工分包质量控制”。

（2）试运行（开车）准备及服务管理

承包商根据承包合同约定承担相应的开车责任，一般有：

① 开车前期准备工作；

② 与业主商定选择开车供方；

③ 编制开车计划；

④ 在设计过程中进行介入工作，学习、研究基础工程设计并从开车生产角度出发对工程设计提出意见；

⑤ 根据预试车的先后顺序提出对施工计划的要求；

⑥ 与业主商定具体的培训计划；

⑦ 熟悉和学习开车方案；

⑧ 参与单机试车和中间交接，检查预试车条件；

⑨ 指导培训；

⑩ 检查开车所需临时设施；

⑪ 根据开车实际情况，提出或采纳业主提出的必要的设计修改项目；

⑫ 收集开车资料。

(3) 竣工试验(试运行)和交付

按照FIDIC合同条款中竣工文件、操作和维修手册的要求，承包商提供各种文件，并依据竣工检验和试验的要求进行竣工试验。除非在专用合同条件中另有说明，竣工试验应按照以下顺序进行：

① 启动前试验，应包括适当的检验和("干"或"冷")性能试验，以证明每项生产设备能够安全地承受下一阶段的试验；

② 启动试验，应包括规定地操作试验，以证明工程或分项工程能够在所有可利用地操作条件下安全地操作；

③ 试运行，应证明工程或分项工程运行可靠，符合合同要求。

在试运行期间，当工程正在稳定条件下运行时，承包商应通知雇主，告知工程已可以做任何其他竣工试验，包括各种性能试验，以证明工程是否符合雇主要求中规定的标准和履约保证。

试运行不应形成"雇主的接收"中规定的接收，工程在试运行期间生产的任何产品应属于雇主的财产，除非专用条件中另有说明。一旦工程或某分项工程通过了每项竣工试验，承包商应向雇主提供一份经证实的这些试验结果的报告。

当工程已按合同规定竣工，承包商可在一定日期前，向雇主发出申请接收证书的通知，雇主在收到申请后一定期限内向承包商颁发接受证书。

(4) 工程交付后的服务活动

按照合同规定工程交付后，承包商及其分包商配合雇主完成工艺装置、辅助生产装置、公用工程系统和其他界外设施的生产考核，完成扫尾工作和缺陷修补(修补费用视情况确定)，提供工程交付后的服务至缺陷责任期结束，雇主颁发履约证书。

6.1.4 施工质量管理

施工质量管理目前并没有一个统一的管理模式。从目前施工质量管理情况来分类主要存在着两种管理方式："问题管理"方式和"预防管理"方式。"问题管理"方式是指针对施工现场已经发现的问题采取相应的解决措施，是一种典型的事后处理方式，"问题管理"方式的优点是管理目标明确，效果也非常明显，但缺点也很明显，它只能解决已经存在的问题，不关注未来其他问题的发生和预防。而"预防管理"方式弥补了"问题管理"方式的不足，该种管理方式专注于问题的预防，采取各种措施，预防将来施工现场可能出现及发生的问题。

工程项目由于本身的复杂性以及等因素，施工过程中必然存在着一些问题，因此施工现场质量管理中"问题管理"必不可少，但如果在施工过程中项目管理人员疲于进行"问题管理"，工程项目的管理将会十分混乱。此外，尽管"问题管理"方式效果十分明显，但作为这种事后处理方式，往往有些问题已经造成了无法挽回的损失。因此施工现场质量管理需要强调“防治结合，以防为主”，将一切可能发生的质量问题解决在萌芽状态，从根本上杜绝损失的可能性。

“百年大计，质量第一”，质量管理是一个庞大的系统工程，而施工现场质量管理作为其中的一个子系统，影响施工质量的因素主要有五大方面，即4M1E，指：人(Man)、材料(Material)、机械(Machine)、方法(Method)和环境(Environment)。通过事前、事中有效控制这五方面因素的质量是确保工程项目施工质量的关键，使工程质量全过程都处于受控状态。

6.2 施工质量策划和准备

凡事“预则立，不预则废”，施工前期进行精心的策划和准备，是施工阶段质量管理顺利实施的基础。

6.2.1 编制质量管理和控制程序

(1) 施工质量计划的编制

施工质量是项目管理水平的重要标志，要全面实现既定的项目目标，首先必须加强工程质量计划工作，提高施工的质量管理水平。施工质量计划是项目施工计划的重要组成部分，也是施工企业质量方针和质量目标的分解与具体体现。施工项目质量计划的编制主要包括：

① 编制依据；

② 项目概述；

③ 质量目标及其分解；

④ 组织机构；

⑤ 质量控制及管理组织协调的系统描述；

⑥ 必要的质量控制手段，施工过程、服务、检验和试验程序及与其相关的支持性文件；

⑦ 确定关键过程和特殊过程及作业指导书；

⑧ 与施工阶段相适应的检验、试验、测量、验证要求；

⑨ 更改和完善质量计划的程序。

(2) 质量控制程序的编制

在施工初期阶段，针对工程的施工内容和特点、工期要求、国际化施工的标准以及当地的社会协作条件等，对过程中可能出现制约施工进度的难点问题进行预测，制订和采取具体且有针对性的质量控制程序，从而保证工程实施阶段的顺利进行。通常境外施工项目质量控制程序如表6-1所示。

一般施工项目，施工文档管理也归属质量部门，文档程序制度的建立也是质量控制的重要组成之一。项目文档控制分为两类：一类是对外与甲方等的文档，另一类是对内的分发管理文档。文档的控制必须要建立相应台账，保证每份文档无论是信件、STQ、图纸等等都要经过处理，并且有分发文档的记录，另外需要回复的文件和待处理的文件需要清楚其状态，并能及时跟踪和汇报。完善的文档程序制度能够保证过程资料的完整性，保证后续竣工资料顺利成册、归档。

表 6-1　施工质量程序示例(包括但不限于)

序号	质量控制程序	备　注
1	施工质量计划	编制要求见本书 6.2，施工质量策划和准备
2	现场文档和数据控制程序	
3	计量器具的监察程序	
4	现场材料和设备存储/保养程序	
5	NCR 控制程序	
6	纠正和预防措施程序	
7	焊机的校验程序	
8	RT 检验程序	第三方实验室准备
9	PT 检验程序	第三方实验室准备
10	MT 检验程序	第三方实验室准备
11	UT 检验程序	第三方实验室准备
12	焊工资质考试程序	第三方实验室准备
13	焊后热处理程序方案	因介质或材料及厚度等原因而需要热处理
14	焊接控制程序	焊接控制系统的运用
15	材料可追溯性程序(PMI 程序)	PMI 仅对合金钢材料

注：现场质量程序文件编制须注意程序 Procedure 是独立的控制现场活动的，而后续的方案(MS)和检试验计划(ITP)是一一对应的控制现场工作的，即有一个 ITP 就要有一个 MS，反之亦然。

(3) 施工质量管理制度的建立

“没有规矩，不成方圆”，为实现工程项目质量管理目标，必须建立一系列的规章制度以及编制各类方案措施。例如《项目焊材管理办法》、《项目施工质量奖惩规定》等等，高标准、严要求，以相关的制度和标准来规范现场各级人员的行为，使得施工过程“有规范可执行，有规程可依据，有标准可衡量”。制度是制约施工行为的准则，是任何人不可触摸的“高压线”，它告诉我们什么能做和什么不能做，否则将付出代价。不折不扣地去执行制度，才能更好地为施工质量保驾护航。

(4) 施工方案的编制

施工方案的建立，目的是提高质量、加快工期、降低成本、提高项目施工的经济效益与社会效益，也就是说，在施工过程中，对人力与物力、主体与辅助、供应与消耗、生产与储存、专业与协作、使用与维修、空间布置与时间安排等方面进行科学、合理地部署、为建筑产品生产的节奏性、均衡性和连续性提供最优方案，作为建设工程项目施工质量管理的指南。由此可见，施工方案在整个工程项目施工质量管理中具有非常重要的指导性。

施工方案是根据一个现场施工活动制定的实施方案。施工方案编制时必须做到有针对性：写你所做，做你所写。如现场不具备施工条件的项目在施工方案中要加以注意，否则将自我束缚手脚。下面举例说明施工现场做法和方案不符合的情况及应对措施，让读者更直观的理解方案与现场施工工序或方法的一致性。

【案例一】某中东项目管道施工方案中阐述管道预制结束后到现场安装之前有一个管段释放(spool release)的步骤，并且要求释放的管段要经过检查、NDT 检测也要结束。通常项目 NDT 检测都会有滞后现象，如果预制厂不能及时地做完 NDT 检测，管段释放就会被拒绝或者停止，那么现场的安装进度将会受到影响。有现场经验的人员为了节约时间、加快施工进度，宁愿将管段运至安装现场做 NDT 检测，虽然增加了搭设脚手架的成本，但提高了整体施工进度。为达到其目的，在编写管道施工方案时如果不描述管道释放的检查控制，业主不一定能批复方案，但可在施工方案中正常描述管段的释放检查，而不强调 NDT 的检测，只针对释放管段尺寸、内部清洁度等方面的检查，就可合理规避风险。

【案例二】某中东项目管道试压方案中叙述在试压包试压过程中提供两块压力表，一块压力表在最低点，一块压力表在最高点。其实这也是规范的基本要求，试压过程中至少提供两块压力表。实际现场操作过程中也提供了两块压力表，一块压力表在高点处，另一块压力表通常设置在地面的缓冲罐处(最低点)。业主根据施工方提交的方案是试压包内设置两块压力表，而缓冲罐位置的压力表不属于试压包内，再仔细阅读规范，规范也只说明是试压过程中提供至少两块压力表。最终施工方通过明确描述压力表的设置与实际试压位置相符的情况下，试压方案才得以保证方案与现场施工方法不冲突，这样现场试压工作才得以继续。

因此编制施工方案时要充分考虑到现有的设备、技术资源，尽量考虑使用较为成熟的施工工艺方法，保证现场施工方法和方案的一致性，以利于施工的顺利进行。

编制方案的时候首要条件是熟悉规范和业主要求。必须吃透境内境外规范的不同点、业主规范和国际规范的不同点，否则编制的施工方案也难以顺利得到业主的批复。例如在编制焊接工艺评定作业指导书时，正常情况下项目会执行通用的国际规范 ASME 第Ⅸ卷，但是很多项目的业主有自己的规范，两规范有一定的差异。如某中东项目要求在提交 PQR 和 WPS 时要附上管道焊接数据表(Piping Welding Data Sheet)，业主规范要求是为了现场员工更能清晰地明白在施工过程中什么等级的管道用什么样的 WPS，能够一目了然，当然在 ASME 第Ⅸ卷中是没有这个要求的。若不阅读业主的规范而提交 WPS，那么肯定是会被业主拒绝，只有按照业主规范要求完成分管道等级、焊接形式、厚度等填写相应的 WPS、完善 PWDS(定义)并与 PQR/WPS 同时提交才算满足业主的基本要求。再例如编写 WPS 时，根据 ASME 第Ⅸ卷的要求，WPS 中焊接可覆盖的厚度应为 PQR 评定的厚度的 2 倍，而某中东项目业主规范明确要求是 1.5 倍，那么在编写 WPS 时就要考虑这一点，而且需要考虑现有的 PQR 厚度的 1.5 倍是否能够覆盖现场的厚度要求，如果不能还需要及时重新编制和评定新的 PQR，否则会耽误现场的工程进度，因为一般 PQR 的评定最快也需要两周时间。

所以说，在编制方案之前熟悉国际规范和业主规范是关键，只有掌握了规范的要求才能根据现场施工经验顺利编制好施工方案。若没有特别说明，项目执行规范的原则是业主规范优先于国际规范，当然规范有冲突时需要发函件与业主澄清。

(5) ITP 的编制

所谓检试验计划(ITP)，是指以书面的形式对检验工作所涉及的总体和具体的检验活动、程序、资源等做出的规范化安排，以便于指导检验活动，使其有条不紊地进行。产品形成的各个阶段，从原材料投入到产品实现，有各种不同的复杂生产作业活动，同时伴随着各种不同的检验活动。如何掌握正确进行检验操作，以及检验和试验的技术标准、检验和试验项目、方式和方法等等，为此，这就需要编制检试验计划来给以阐明，以指导检验人员完成检验工作，保证检验工作的质量。

一般检试验计划包含以下几个方面内容：分部工程；控制程序及标准；检试验方法；验收标准；共检等级，验收表格(质量见证资料 QVD)。

① 分部工程：指各专业的重要及关键工序，以管道预制 ITP 为例可分为：材料核实、WPS/PQR、焊工考试、焊接组对检查、焊接外观检查、孔板法兰控制、NDT 检查、PWHT、硬度试验、气密试验、管道释放。

一般情况下本专业的重要工序都要列出来，如果现场不适用的工序就不检查，例如焊后热处理。

② 控制程序及标准：指各分部工程涉及的方案、规范、图纸等等。

③ 检试验方法：一般有测量、目测、试验。

④ 验收标准：项目执行的相关规范。

⑤ 共检等级：通常共检点分 H、W、R 三个控制等级：

a. H(Hold)级停检点由业主、承包商、施工单位的专职质检员共同验收，业主、承包商未见证不得继续下道工序的施工；

b. W(Witness)级停检点由业主、承包商、施工单位的专职质检员共同验收，若业主、承包商未能及时到场，自检通过后可继续工序的施工(通常会提前沟通，得到口头允诺)；

c. R(Review)级停检点由施工单位的专职质检员验收，最终提交相关资料、报告以及试验结果，报承包商和业主审核。

⑥ 验收表格：该工序检查涉及的检查验收表格，各方签署后作为质量见证资料，同时也是后期竣工交付的资料之一。

编制合理的检试验计划，要充分考虑施工的可行性、合理性和操作性。假如 ITP 里面多编制了一个不必要的检查点，可能就会对施工造成巨大的进度和工期的压力，也可能会造成后期大批的尾项。例如某中东项目动设备的检试验计划中，就没有把设备的油漆外观检查编制进去，业主在 ITP 审核时也没有要求；如果把油漆外观检查编制进去，那每一台泵都将会在交工前造成一个 QVD 无法关闭的尾项及现场实际尾项，并且不到工程结束，这两个尾项很难消除。其实在实际施工收尾过程中，在 Walk Down 或者最终外观检查中油漆补漆工作还是要做，但不影响与系统交工及 QVD 的完整交付。这就要求，施工技术人员要熟知规范及技术要求，在 ITP 报审前组织专题研讨会，合理、准确的编制 ITP。

(6) 过程的确认

过程的确认是：当生产和服务提供过程的输出不能由后续的监视或测量加以验证，使问题在产品使用后或服务交付后才显现时，应对任何这样的过程实施进行确认，并证实这些过程实现所策划结果的能力。过程的确认应保存生产和服务过程确认的记录。

根据项目合同范围和要求，施工过程若存在需要确认的过程时，项目施工实施计划中和(或)施工方编制的施工计划(施工方案)中，应明确需要确认的过程，并遵照以下要求实施过程确认和实施控制：

① 分析过程，评审过程方法，以证实其是否合理；

② 确定采用的过程设备性能(包括精确度、安全性、可用性等要求)，证实设备已具备可靠的维护保养；

③ 确定施工人员资格；

④ 施工方提供施工计划(施工方案)，得到批准；

⑤ 控制监视和测量活动以及使用的监视测量装置；

⑥ 过程完成后，实施下一步工作前，根据检试验计划，施工方、总承包方、顾客等各方代表需要时应检查确认。

6.2.2 建立健全质量控制台账

质量控制台账就是明细记录表，是所控制项目的全面体现与概括。施工项目开始质量部门需要针对现场所需控制项目建立好台账，便于后期有效的跟踪和管理。台账的格式建立没有统一要求，但是主要控制内容是相通的，一般施工项目所需的质量控制台账如下：

① 程序文件台账：包括项目程序、方案、ITP 等程序文件提交人、提交日期、批复状态、版次等内容；

② 计量器具管理台账：包括现场使用计量器具的识别号、器具名称、器具编号、校验情况、下次校验日期等内容；

③ NCR/SSR 管理台账：包括现场的 NCR/SSR 的签发人、主要内容描述、整改人、整改范围、关闭状态等内容；

④ AFI 台账：包括现场分专业检查状态、资料关闭情况等内容；

⑤ 人员资质台账(主要是焊工)：包括焊工姓名、焊工号、合格项目、6 个月连续焊接记录等内容。

以上这些工作台账的建立，不仅方便现场的管理和跟踪，让现场质量受控，同时也是过程中业主质量审计的重要过程资料。

6.2.3 施工人员资质管理和培训

工程质量的形成受到所有参与项目施工的管理人员、操作人员、服务人员等共同影响，他们是形成工程质量的主要因素，因此施工人员的素质和技能就显得尤为重要。人，是指直接参与施工的组织者、指挥者和操作者。人，作为控制的对象，是要避免产生失误；作为控制的动力，是要充分调动人的积极性，发挥人的主导作用。为此，除了加强政治思想教育、劳动纪律教育、职业道德教育，还要根据工程特点进行必要的专业技术培训，以人的工作质量保工序质量、促工程质量。

为了控制工程质量，按照要求施工人员的培训是必须的。此阶段应该主要是培养、提高参建人员的业务水平和业务素质。一方面通过项目经营管理人员的合同交底，让管理层充分理解合同，避免因为合同界面不清，造成现场施工工作不彻底而遗留工程尾项，产生质量问题。另一方面，对参建人员加大培训和技术交底的力度，将重点环节和可能发生的问题预先考虑好，并提出切实可行的解决方法，将问题消灭在萌芽状态，避免对施工任务的不明白或与业主规范要求不符合而造成质量问题。项目初期各专业对相应的人员进行一系列的专业技术交底并形成记录，同时利用空闲时间组织各种主题培训，以管道专业为例，管道内部清洁与防护、焊接知识、螺栓扭矩、焊后热处理等系列的培训和交底是必不可少的。

项目要想控制好施工质量，施工前期人员培训的控制是基石。培训工作要根据项目的具体情况制定培训计划和培训内容，由于人员素质和技能各项目都有差异，所组织的培训项目不尽相同，但通常项目培训有如下几个方面：ISO 9000 系列质量体系的宣贯，项目质量管理知识的培训，项目合同内容的学习和交流，技术交底，焊工技能培训，各类检查员的培训，各专业技术质量知识培训等等。

质量控制中，各类人员资质管理是关键，其中证书是重要的证明途径之一。通常境外项目的焊接检查员和油漆检查员必须是通过国际认证合格的人员；焊接检查员要有 AWS 焊接检验师证书，油漆检查员要有 NACE 或 BGAS 证书；焊工的资质必须按照 ASME 第Ⅸ卷的要求并经过当地第三方实验室的考试认证。

为加强管理，下面仅以焊工资质管理和取证为例加以阐述。焊工资质的评定主要注意几个方面：焊接方法、母材的组别号、评定试件的厚度和尺寸、焊接位置。现针对境外项目焊工取证工作做一些说明。

① 通常现场使用的焊接工艺是 GTAW 和 GTAW+SMAW，材质一般情况是 P1 和 P8 组别，综合现场情况不一定每个焊工都需要评定四项（P1 GTAW/GTAW+SMAW& P8 GTAW/GTAW+SMAW）全部合格。针对现场不同的焊接工艺或者特殊的材质，视工作量大小权衡焊工资质的数量。

说明：评定 P1 材料氩弧焊的焊工能使用氩弧焊焊接 P8 的材料，反之不可行。P1 和 P8 氩弧焊的焊工技能评定主要变量差异体现在 P No、F No 和背面保护气体。

a. P No 的不符合：根据 ASME 第九卷的 QW-423 章节中说明焊工在取得 P1 到 P11 的母材资质也能评定焊接 P1 到 P11；

b. F No 的不符合：根据 ASME 第九卷的 QW-433 章节中说明任意的 F No. 6 能评定所有的 F No. 6；

c. 背面保护气体的差异：根据 ASME 第九卷的 QW-356 焊工技能评定氩弧焊的变量之一是减少背面惰性气体保护，而 P1 的氩弧焊到 P8 的氩弧焊是增加了惰性气体保护，所以变量没有变化，因此不存在差异，反之不成立。

注：关于碳钢的氩弧焊能评定不锈钢的氩弧焊需要提前与总承包方和业主充分的沟通，说服各方后执行更为妥当。

② 对评定焊工技能的厚度和尺寸资质，参照执行 ASME 第Ⅸ卷的 QW-452. 1(b) 和QW-452. 3 标准。关于焊工资质中的厚度和尺寸应该根据现场实际需要和现场主要的管径和壁厚来选择通用的，不是每个焊工都需要焊接 13mm 以上厚度的试件，也不需要全部焊工合格 1/2 吋或更小的管径，焊工考试毕竟需要第三方实验室的来执行，需要一定的费用，焊工考试并且得到结果需要一定的时间，而且不是每个焊工的技能都能够满足焊接小管或者厚度不限这个范围。

对于焊工技能中尺寸的资质评定需要提醒，ASME 第Ⅸ卷中规定的是试件的外径，通常有一个误区，例如评定的是公称直径 2in 的试件，最小能焊接 1in 的外径，大家误以为现场只能焊接到公称直径为 1in，其实不然，公称直径为 3/4in 的管子外径是>26mm，已经超过 1in(25. 4mm)，所以最小公称直径能焊接 3/4in。

③ 对于焊接位置一般若采用固定斜 45°(6G) 或者水平固定(2G) 加垂直固定(5G) 的位置合格就是合格全位置，若 6G 位置只需要一个试件，而采用 2G 和 5G 需要两个试件，应该首选 6G 位置，当然若焊工技能达不到也可以考虑 2G 加 5G 位置来评定全位置。

项目伊始，如何让焊工使用最少、最经济的考试项目取证，然后最大限度地满足现场质量、进度和费用的要求，这需要质量管理人员和焊接工程师来权衡并着重考虑。

6. 2. 4 计量器具的校验

质量管理的重要特点之一是，一切用数据说话，而数据主要来源于计量检测的数据及其换算出的数据，仪器检验的数据是质量管理的基础和科学依据。“工欲善其事，必先利其器”，不符合规范要求的计量器具势必影响工程质量，为确保计量器具合格，必须在使用前得到校验。

现场的计量器具校验主要有两方面，一是外部(第三方)校验，二是内部校验。

（1）外部校验

就是第三方实验室进行校验。通常首先在业主提供的长名单中选择服务、价格、质量等满意的第三方实验室，然后将独立第三方实验室的资料报业主批复，正常情况在业主名单内的实验室都会被批准。选定实验室后可直接把需要校验的仪器送检，直至校验完成并出具校验合格报告。

（2）内部校验

顾名思义，内部校验就是自行检验的计量器具，通过预约业主见证在现场自行校验。除非现场大批量的仪器需要校验而且操作方便，否则此校验一般不推荐，以管道专业为例内部校验可以做的有焊机、试压表的校验。正常程序是需要准备校验方案并得到业主批准，校验时发检查申请给业主来见证校验。

计量仪器是控制生产过程工艺参数、确保加工质量的主要技术措施，所以计量仪器的校验是必不可少的环节也是保证现场施工质量的手段之一。

6.2.5 施工材料的检查和控制

原材料的质量直接影响着工程最终实体的质量，因此对原材料的质量控制至关重要。施工现场的材料来源主要有两种，一种是甲供料，另一种是自购料。

甲供料就是甲方提供的材料，针对这些材料首先报一个检查点(一般专业 ITP 的第一个检查点就是材料检查)，进行三方共检，对于质量不过关的材料进行拍照等保留必要的证据，并且在检查报告中体现。在材料和设备领用时，需要严把验收关，杜绝不合格的材料和设备进入现场，确保不因材料和设备的自身缺陷而导致质量问题的产生。例如，中东某项目部分设备从甲方的堆场出库过程中，由于设备存放周期已经很长，设备的充氮保护失效、设备油漆破损、外观生锈等，施工方拍照、发函至甲方，并要求其及时处理，也避免了因外观、油漆不合格的设备进入现场造成现场质量问题，也明确了质量问题的责任方。

对于自购料，首先做的工作是在业主提供的合格长名单内挑选合格的供应商并且报批，再得到业主的批复后，材料在符合规范要求、满足工程施工需要的前提下，坚持货比三家的原则进行采购。同样，材料进场后与甲供料的程序相同，需要三方供检，但是自购材料任何瑕疵或者质量问题的责任单位是施工方。

对材料的质量控制必须是全方位、全过程的控制，不仅仅是采购质量和到货检查的控制，还需要从运输、存储等过程进行严格的控制。

6.2.6 技术环境的审核

（1）复合现场的基准点

工程测量时作为标准的原点称为测量基准点。众所周知，测量放线为工程施工开辟了道路、提供了方向。准确、周密的测量工作不但关系到一个工程是否能顺利按图施工，而且还给施工质量提供重要的技术保证，为质量检查等工作提供方法和手段。在工程开始施工前，首先通过测量复合现场的基准点，为下一步的施工保证基准。这一步工作非常重要，测量精度要求非常高，因其关系整个工程质量的成败。

（2）熟悉和审查设计文件

对于现场施工的工程，熟悉和审查设计文件，主要是审图。其目的有两方面，一是使施工单位和各参建单位熟悉设计图纸，了解工程特点和设计意图，找出需要解决的技术难题，并制定解决方案；二是为了解决图纸中存在的问题，减少图纸的差错，将图纸中的质量隐患消灭在施工准备的萌芽之中。

如某中东项目管道开工前由于审查图纸不仔细，在单线图上显示使用闸阀，而在流程图上显示的是球阀，最终该管线在最后试压前的查线过程中发现单线图和流程图不相匹配。经过设计确认后确实需要安装球阀而不是闸阀，不得不紧急采购，然后现场进行重新安装，这就是由于图纸审查时不仔细，让问题一直隐藏到快试压时才暴露出来，耽误了进度也提高了紧急采购材料的费用，由此可见施工图纸审查责任重大，任务艰巨。

6.3 施工过程质量控制、检验和检查

工程项目施工涉及面广，是一个极其复杂的过程，影响质量的因素很多，如人员、设计、材料、机械、地质、水文、气象、施工工艺、管理制度等，均直接影响着工程项目的施工质量，因此工程项目施工过程质量管理，就显得极其重要。

6.3.1 现场人员再培训

质量管理工作不仅是质量人员的职责，而是现场全体人员的职责，质量管理工作是一项全员参与的团队工作，全员参与的以质量为中心的基础就是，全员应有基本的质量意识、质量知识和技能。因此教育和培训是质量管理重要的基础工作，没有经过适当培训的人，质量管理的一切工作都很难有效落实。

培训是质量管理的重要组成部分，但在实际施工过程中，不是进场时的培训或者前期技术交底完所有的问题就能避免，因此针对现场出现的问题要及时的再次人员培训。同时，与现场项目制定的质量奖惩相结合来管理，对过程中遵章守纪的工人和管理人员进行奖励来鼓励，当然对违反要求的人员通过再次培训让他们知道哪里错了，如何正确做，并且接受相关的处罚，让所有参建员工遵循质量要求和规定，“做正确的事，一次做对”。人员的再培训实际就是初始人员培训的延续，其直接目的仍然是发展员工的职业能力，使其更好地胜任现在的日常工作。

再培训的形式是多种多样的，对于一些非主要或者出现范围小的质量问题，可以通过早班会等形式再次强调，早会和班前会是现场质量意识培训的重要形式，具有灵活性高、范围广、时效性强等优点。对一些可能在下面工序中出现的问题也作及时的提醒，通过不断的强调来降低人为因素造成的“低、老、坏”质量问题。例如，由于人为操作的差异，在油漆作业中，喷涂速度和高度亦有所不同，特别是在风速大的空旷场地上，油漆的厚度和损耗就变得难以控制，时常因此出现局部被喷涂表面存在流挂和起皱现象，而局部面积上却又厚度不够。为了避免重复出现此类问题，利用班前会对喷涂操作工进行再次培训和讲解，要求喷涂时，喷嘴离被喷涂表面要尽量保持在同一个高度，否则雾化的油漆会因为风速的关系被吹散而增加损耗量，喷嘴左右摆动的速度也要尽量控制在匀速状态下，同时尽可能的安排专人进行喷涂，这样就可以避免不同人员之间的人为差异。

对于一些现场影响较大的问题或者业主投诉较多的问题，在现场出现的面积也比较广泛的质量问题，可召集施工管理人员以及相应班组来组织专题会，充分准备培训材料。利用专题会通过幻灯片形式对施工作业人员加强学习和提高，如焊接工种、土建专业、螺栓紧固等培训。

以上这些都是不同形式的培训，主要是提高因质量意识不强而造成现场“低、老、坏”质量问题，当然人员资质、技能也是现场过程质量保证的重要因素，因此过程中人员资质的确认和新的认证也是不可缺少的重要组成部分。例如焊工资质，所有焊工每间隔6个月有连续焊接记录，这样的一个确认是对焊工技能的确认，因此也是保证焊接质量的前提之一。再有前期可能某些焊工并未取得焊接1/2in管道的资质，在过程中根据现场进度需要，可以联系第三方实验室让焊工通过技能考试来取证，这样确保焊工不超范围焊接，满足进度的同时也保证了焊接质量。

6.3.2 计量器具的监视和再校验

良好的计量仪器是品质保证的前提，如果在使用过程中，所使用的仪器和工具不能达到它们的指标，使用过程就不能连续地保持正常的功能。所以为了保证这些仪器和工具可以按照规定的指标正常工作就必须对其进行定期的计量校准。

根据6.2.2节提到的计量器具台账和现场检查来监管使用的计量器具，对接近校验有效期的计量器具及时送去第三方实验室校验，有的仪器和设备在现场正在使用，不方便送出去校验的，例如焊条烘烤箱、保温箱之类的可以让第三方实验室提前到现场来校验，这样既能保证现场的正常使用，也杜绝不合格量具的使用，避免质量问题的出现。

计量器具的监视主要通过计量器具台帐管理进行控制和预警，同时质量检查员对现场使用的计量器具从校验标签、外观、校验证书等方面进行监视，来达到对计量器具的控制。通过预警和监视能及时保证计量器具的有效性，达到符合标准规范要求。

6.3.3 施工材料的过程控制

现场施工材料的过程控制在“第5章采购质量管理”中已作了详细的描述，本节主要讲述已经形成工程实体的半成品、成品防护以及安装的设备的维护保养，这也是施工材料控制的一个重要环节。

成品防护是贯穿施工全过程的关键性工作，做好成品防护，是在施工过程中对已完工实体进行的保护。制定成品防护措施是为了最大限度地消除和避免成品在施工过程中的污染和损坏，以达到减少和降低成本，提高成品一次合格率的目的。有效的成品防护可以降低因损坏而增加的修复工作，同时保证避免工料浪费、工期拖延及经济损失等情况的发生。

关于现场的成品及半成品防护，针对不同施工阶段和不同施工部位，把现场成品、半成品容易出现损坏的各种状况都列举在质量奖惩措施中，并要求施工员在布置作业时及时进行质量交底及相关培训。例如在预制场防腐后的成品管线需要从喷漆场地运到成品区，再由管道专业从成品区转运到现场安装，在这些过程中，管线表面油漆损坏比较严重，也增加了在现场补漆的工作量。要求班组在管线运出防腐场前，须用直径20mm麻绳在管线上每隔4m缠绕一道，避免在运输过程中相互碰撞而损坏表面；在板车的挡板、垫板上绑上橡胶板，避免来回晃动时磨损；在管线安装过程中，在管线需要来回移动的钢结构梁上也用橡胶板防护。通过这些措施，有效地减少了防腐成品管线表面油漆损坏，也减少了补漆的工作量和难度。再如，由于少数的油漆工人在油漆作业时的随意性、质量意识的淡薄、不负责任的心态等原因，使油漆滴洒到保温的成品上，造成了对保温物体的污染，严重影响了保温外表面的美观。需要加强对油漆工在施工作业时的管理，加强对他们质量意识的教育，制定相应的惩罚制度，对污染处必须进行及时清理，特别是在每次携带油漆高空作业的油漆量的控制上，每人每次带的油漆量不能超过油漆桶的2/3，否则，在爬高或是移动过程中，很容易出现洒泼等现象。在高空补漆时，如果下方有其他管线或设备，可以在补漆作业的正下方铺垫隔离层的方法，并要求员工每次刷涂时注意控制毛刷或滚筒粘带油漆的量，以免溢出。具有类似问题的还有，在保温交叉作业时，水泥灰滴落到保温外表面上；钢结构防火作业时的防火材料滴撒到保温的成品上；这些都对保温的成品造成一定的影响，我们在提出严格要求的同时，还需制定一系列的严格的惩罚制度，并做到了对污染的及时清理。

对于成品保护而言，合理的工序安排，减少交叉作业是关键。但是，实际现场施工过程中交叉作业是很普遍的事情，所以对他人的成品保护需要明确责任，加强监管，提高全员意识。比如油漆后的管道在油漆防腐场地释放给管道安装单位前，油漆的成品防护由油漆防腐单位负责。油漆后的管道从油漆防腐单位释放给管道安装单位后，成品防护由安装单位负责，对因管道在运输、安装阶段由于防护不到位产生的油漆破损产生的费用由管道安装单位承担。通过这种明确责任，更有效的做到了对自己和他人的成品保护。

关于设备的现场维护，由于规范 API 686 详细规定了动设备的现场保养内容以及要求，施工中按照规范操作即可。一般总包方或者业主也会提供相应的保养记录格式，现场根据规范和业主要求及时保养并做好记录即可，最终保养记录将归属工程交工资料。

6.3.4 施工工艺的控制

在建设工程施工项目质量管理中，施工方案的正确与否，是直接影响施工质量的关键所在。由于建设项目中工程量大、施工难度高，施工工艺的合理与否至关重要。为了进行技术和资源的准备工作、施工进程的顺利开展和现场的合理布置，确定合理的施工程序、顺序与工艺流程，兼顾工艺的先进性和经济上的合理性的施工方法，既能满足工程的需要，又能发挥其效能的施工机械等这是选择施工工艺、编制施工方案的主要原则。施工方案对整个建设项目的完成起了关键作用、甚至会成为影响全局的关键。施工方案的建立，目的是提高质量、加快工期、降低成本、提高项目施工的经济效益与社会效益。因此，在施工过程中，对人力与物力、主体与辅助、供应与消耗、生产与储存、专业与协作、使用与维修、空间布置与时间安排等方面进行科学、合理地部署、为建筑产品生产的节奏性、均衡性和连续性提供最优方案，作为建设工程项目施工质量管理的指南。施工过程中不合理或者不顺利的流程要通过研讨、修改和升版施工方案来改进。

例如，某中东项目在油漆施工初期，施工方习惯性地根据以往经验，将所有焊道都用胶带缠好，以便把焊口预留出来供试压时进行检查。初版方案的编写是用的以前习惯做法，并得到业主的批准，这样会导致后续很多管线在安装结束后，增加大量的补漆工作，特别是高空的管线，像反应器框架的放空管，为了补漆需要增设很高的脚手架，浪费大量的人力和物力去修补这些焊口，而且也给质量带来了影响，因为补漆后焊道边缘不能平滑过渡，还需要二次打磨加工处理。但业主规范明确指出除了气压试压的管线和一些需要做气密的管线，必须把焊口预留，其余管线的焊口可以在试压前把油漆做完。这样通过及时升版施工方案，经过优化方案便利了施工，降低了质量隐患，同时也节约了成本。

施工方案的科学与合理，自然是施工质量的重要保证。在施工过程中对不合理的步骤进行修改和优化也很重要，正确优化的施工方案是工程项目施工质量管理的指南，是工程项目施工质量的重要保证。

6.3.5 施工质量环境的控制

在施工过程中影响工程质量的环境因素较多，概括起来可分为工程技术环境自然环境两方面。

（1）自然环境的控制

自然环境因素并不是一成不变的，而是存在多变性。如一天之内的气象条件，温度、湿度、风雨等都是变化的，而这些变化都会对工程质量产生一定的影响。

例如在三四月份，沙特东部风沙相当大，阴雨天气也相对较多，七八月份早晚的湿度都在80%以上，有时候连续几天都是类似天气，在这样的气候条件，喷砂和喷漆作业都不允许，严重制约着施工进度，也影响到下道工序（管道安装专业）的进度。为减少因这种自然条件对施工进度造成的影响，需要采取一定的措施。一般堆场地形平坦，周围没有障碍物，为了减缓风速，用脚手架钢管和新购进的彩钢板在喷漆区周围搭设2.5m高的防风墙，虽然在风大时仍会被吹倒，但风沙较小时在防风上还是起到了不可估量的作用；另外，在阴雨天不适宜喷砂和喷漆作业时，组织有次序地往喷砂场地吊运管线，以便天气转好后能及时作业。另外，沙特东部项目位置处于波斯湾畔，是典型的海洋性气候，早晚温度和湿度都相差很大，从下午6点到晚上9点的这个时间里，刚好是温湿度转变最大的时候，在这个时间段作业，往往会造成刚刚完成喷砂的管子表面很快就凝结了一层水汽，甚至局部面积上马上开始出现浮锈，严重影响着施工质量。为了尽量避免此种情况，应尽量避开早晚温湿度变化差异较大的时间段，选择中午时间进行作业，从而保证喷砂的等级能够符合规范要求，但同时为了加快进度，也可以合理安排喷漆在晚上进行适当加班，特别是一些类似于无机富锌漆类的油漆，其自身特性就是要在高湿度下保养。

因此，应该根据工程的具体特点和条件，综合考虑影响质量的环境因素，并应对这些因素采取有效的措施严加控制。

（2）技术环境的控制

技术环境的控制主要是保证质保体系的正常运行和维系，施工质量保证体系的运行，应以质量计划为龙头，过程管理为重心，按照PDCA循环原理展开。

① 计划（Plan） 计划可以理解为施工质量计划阶段，明确目标并制订实现目标的行动方案。在施工质量计划阶段，现场施工管理组织应根据其任务目标和责任范围，建立施工质量控制的管理制度，对质量工作程序、技术方法、业务流程、资源配置、检验试验要求、质量记录方式、不合格处理、管理措施等内容，做出具体规定并形成相关文件。施工质量计划编成后，还需对其实现预期目标的可行性、有效性、经济合理性等进行分析论证，并按规定的程序与权限经过审批后执行。

② 实施（Do） 实施包含两个环节，即计划行动方案的交底和按计划规定的方法与要求展开施工作业技术活动。计划交底的目的在于使具体的作业者和管理者，明确计划的意图和要求，掌握施工质量标准，从而规范作业和管理行为，正确执行计划的行动方案，步调一致地去努力实现预期的施工质量目标。

③ 检查（Check） 检查是指对计划实施过程进行各种检查，包括作业者的自检、互检和专职管理者专检。各类检查也都包含两大方面：一是检查是否严格执行了计划的行动方案；实际条件是否发生了变化；没按计划执行的原因。二是检查计划执行的结果，即施工质量是否达到标准的要求，对此进行评价和确认。

④ 处置(Action)　处置对于质量检查所发现的施工质量问题或质量不合格，及时进行原因分析，采取必要的措施予以纠正，保持施工质量的受控状态。处置分为纠偏处置和预防处置两个步骤，前者是采取应急措施，解决当前的质量问题和缺陷；后者是信息反馈管理部门，反思问题症结或计划时的不周，为今后类似问题的质量预防提供借鉴。

另外需重视质量审计，质量审计是识别改进领域的工具之一，是一种独立的审查，确保项目执行过程符合组织或项目定义的方针政策、标准和程序。一般施工项目质量审计由EPC承包商和业主来进行质量审计，通过检查和审计识别全部正在实施的良好和最佳实践；识别全部差距和不足；分享所在组织和/或行业中类似项目的良好实践；积极、主动地提供协助，以改进过程的执行，从而帮助团队提高生产效率；强调每次审计都应对组织经验教训的积累做出贡献。

6.3.6　工序质量的检验和控制

工序质量控制，是生产制造过程控制的核心，就是对工序活动条件即工序活动投入的质量和工序活动效果的质量即工序工程质量的控制。其任务就是要把质量特性值控制在规定的波动范围内，使工序处于受控状态，能稳定地生产合格产品。

工序质量控制主要流程如图示：

① 根据法律法规、项目规范、质量计划等编制合格的检试验计划；

② 现场施工工序结束并自检合格；

③ 根据ITP的要求，针对停检点向业主提交检查申请，如需要可能涉及第三方实验室等；

④ 根据检查表格要求，进行现场共检和试验；

⑤ 签署检查和见证资料。

见图6-1、图6-2工序质量控制示意图和工序质量控制流程图。

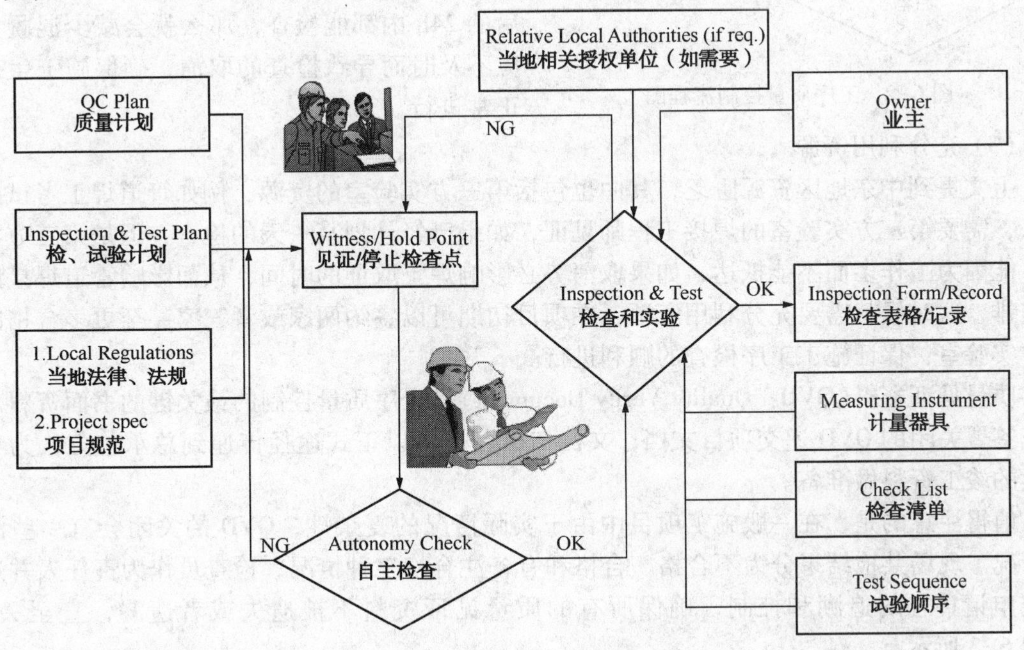

图6-1　工序质量控制示意图

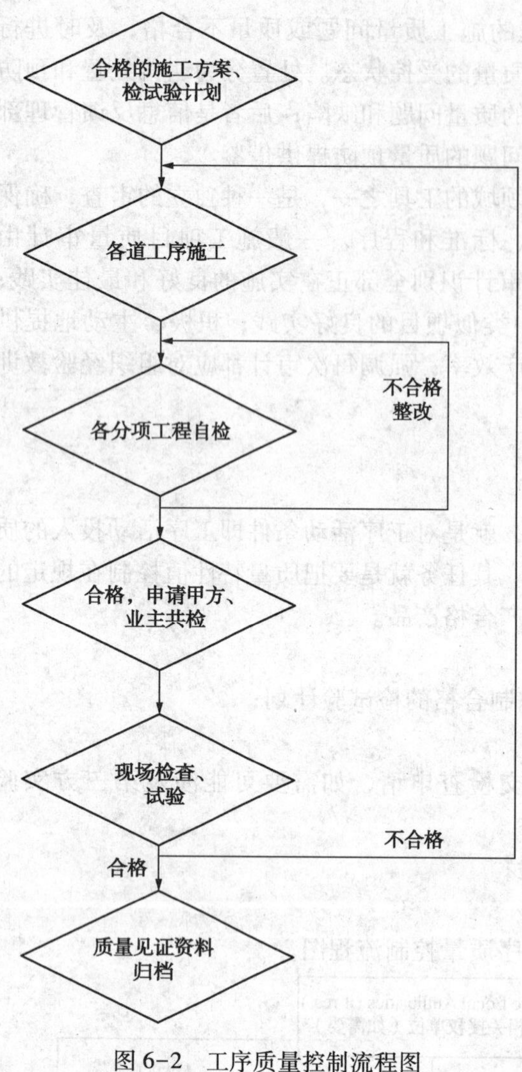

图 6-2 工序质量控制流程图

在工序质量控制方面，对现场施工的检查和试验有如下注意事项：

（1）适当聘用外籍检查员

外籍检查员一般工作严谨，在现场检查一丝不苟，有着更好的执行力；外籍检查员有语言优势，在规范的理解上确实比境内人员理解要深刻，避免走弯路；外籍检查员有地域和文化方面的优势，因此在沟通方面有一定的优势。

（2）合理预约检查时间

一般所有检查点都需要提前一天通知甲方和业主，现场确实比较紧急的检查点或者特殊情况，可以合理的预约检查时间或者与业主商量沟通。例如计划第二天浇注某基础的混凝土，而且又是关键节点，但是模板工作还没检查，那么在前一天报模板检查申请时需要充分考虑现场情况，可以预约下午检查而不是上午，这样既能给施工留出时间，也不因检查的时间制约而影响施工工序的进行。再如某中东项目混凝土的浇注检查点经常受混凝土供应的制约而得不到保证，因为中东地区相对而言资源匮乏，混凝土供应不及时，那么可以与业主协调检查时间有效期为 24h，如果预约检查点后的 24h 内都能检查，那么就会减少混凝土供应不及时而导致检查的取消，确保施工生产的正常进行。

（3）充分利用资源

上文提到中东地区资源匮乏，其中也包括第三方实验室的资源，例如管道焊工考试的见证点，需要第三方实验室的焊接工程师见证，如果已经计划某一天的检查，但是第三方实验室可能因为工作多而不能抵达，如果取消势必影响焊工取证的时间，从而影响管道焊接的工作安排，这时候就需要充分利用资源，在项目初期可以签约两家或者三家甚至更多合格的第三方实验室，保证施工工序检查的顺利进行。

质量见证资料（QVD：Quality Verify Document）是工序质量控制的最关键的书面资料。检查完签署关闭的 QVD 递交项目文档，文档扫描存档后以正式途径传递到总承包方，为项目后续的竣工资料做准备。

值得注意的是，在一般施工项目中由于实际情况的复杂性，QVD 的关闭会有一些滞后的情况。现场共检结果分为不合格、合格和有备注合格三种情况，检查员作为责任人并通过检查申请日志的追溯和控制，确保所有的质量见证资料不被遗失或者遗漏，直至关闭，如图 6-3 所示。

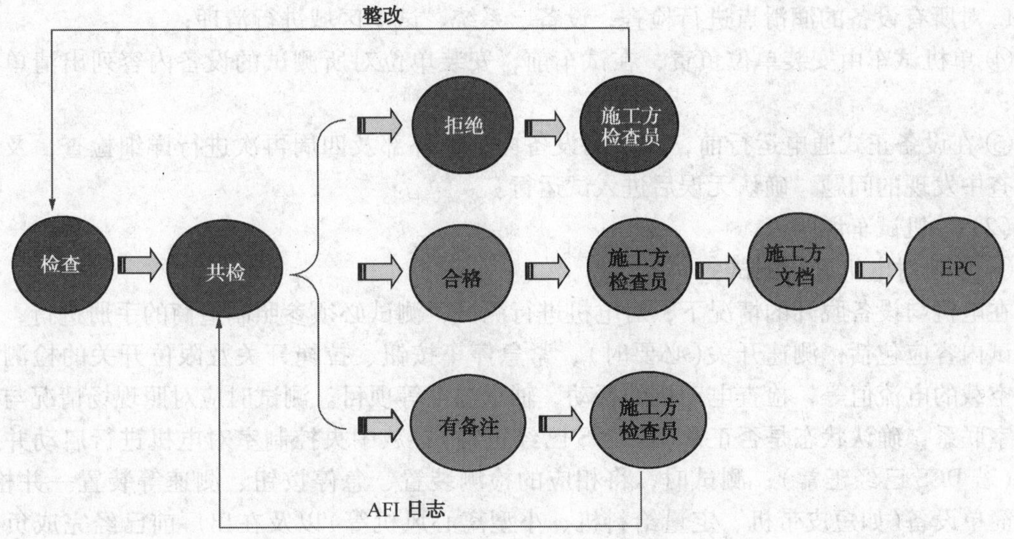

图 6-3 质量见证资料控制流程图

6.3.7 单机试车要求

无负荷单机试车将以各单机设备进行。在一个区域的所有需要进行单机试车的设备完成单机考核后，该区域将转入无负荷联动试车。

(1) 试车准备

① 单机试车前的一般准备(电气部分控制柜已送电):

检查所测试设备的所有电缆接线，检查控制箱内的空气开关、接触器、热继电器等完好、热继电器的设定值与被测设备功率相符，检查控制箱操作是否灵活可靠，将控制箱置于试验位，现场控制箱上的转换开关置于现场位置，送电检查控制回路是否正常，随设备自带的温度、压力、流量等测量装置，试车前测试工作已经结束并通过验收。

② 安装人员以及供货商的调试技术人员提前检查所有的相关的土建工作、钢结构以及机械设备，检查项目：

a. 排除异物：在设备运转前必须对设备内部进行详细的检查，清理其中的杂物，特别是螺栓、金属废弃物等；

b. 螺栓紧固：根据供货商提供的螺栓紧固力矩表逐一核实每台设备的螺栓(特别是地脚螺栓)紧固情况，避免设备运转过程中出现螺栓松动的现象；安全防护装置：确认所有的安全装置和设备都已经安装完毕；

c. 手动盘车检查：如果可能应对设备(主要指回转运动的设备)进行手动盘车检查，如风机、短皮带机等，在设备运转前发现可能存在的卡或撞的现象；

d. 水和气路检查：在水、气管路与设备连接前应作好管道的吹扫清洁工作。

③ 设备润滑情况检查

a. 根据设备说明书或操作手册进行必要的清洗工作；

b. 根据设备润滑手册检查设备的加油情况，并检查核对油质及牌号；

c. 大型设备的润滑油站应提前进行试车，并对流量、压力、温度等参数进行设定；

d. 详细的润滑系统检查内容及检查办法参照设备润滑说明；

e. 所有的管道系统(水、液压、压缩空气等)完成了压力试验；

f. 对所有设备的润滑点进行检查，设备、系统、试车区域进行清理；

④ 单机试车由安装单位负责，在试车前，安装单位对所测试的设备内容列出清单逐项进行；

⑤ 在设备正式通电运行前，对所测设备内部、外部及四周再次进行详细检查，及时排除检查中发现的问题，确认无误后进入试运行。

（2）单机试车说明

① 单独对电机进行测试：

在电机与设备脱开的情况下，对电机进行测试，测试必须参照制造商的手册进行，主要的测试内容应包括：测速开关（必要时）、紧急停车按钮、拉绳开关及限位开关的检测、电动机空载的电流值等，检查电动机的振动、轴承温度等项目。测试时应对照现场情况与中央控制室联系，确认状态是否正常（若 DCS 已经正常）；从中央控制室对电机进行启动并进行测试（若 DCS 已经正常）；测试时，将相应的检测装置、急停按钮、测速等装置一并检查；对于简单设备（如短皮带机、定量给料机、小型离心风机等）以及在出厂前已经完成负荷运转测试的设备（如空气压缩机），在完成试车前检查后可以直接驱动设备运转，要求供货商的调试技术人员在现场；

② 电机和设备连接后的测试：

a. 确认所有的机械保护装置已经安装完成；

b. 根据供货商提供的手册中相关内容和相应的国家验收标准进行测试；

c. 根据供货商提供的数据来核查检测后的数据；

d. 电动机单机运行、连接设备运行所有的测试内容及指标，均以安装单位列出的检测清单为依据；

6.3.8 现场质量通病的防治

工程质量通病一直是工程建设中存在的突出问题，对工程有不同程度的危害。防治工程质量通病是提高工程质量的有效途径，因此施工现场质量管理需要强调“防治结合，预防为主”，将一切可能发生的质量问题扼杀在摇篮里，从而从根本上杜绝了损失的可能性。根据施工项目特点，需从以下几点出发：

（1）标准化施工，样板引路

注重标准化、规范化施工，各工序开始前“先谋而后动”，先策划，后施工。例如，某中东项目根据标准规程要求将电仪保护管套丝工作分解为五个技术动作：管子切割、套丝机牙具检查、套丝、管口毛刺处理、丝扣保护。该规程对每个技术动作都提出了具体技术标准要求，并在执行阶段安排专人监督施工人员对分解动作的执行，培养了施工人员良好的施工习惯，“低、老、坏”的通病得到了极为有效的遏制。

对施工过程中的重点和疑难工序环节积极开展样板引路，避免大面积施工带来不合格产品和返工现象，有效控制工程质量。例如，中东某安装项目，由于合同界面的不同，项目执行中我方没有土建施工队伍，但是在实际安装工程中有一些属于土建专业的工作，如钢结构/设备基础灌浆，管道和电仪支架基础灌浆等，项目部安排各专业自行施工，但是无论管工组还是铆工组以前都没干过这样的活，针对此类情况，编制详细的施工方案和技术交底，然后现场带一个班组做一次样例，在总包方和业主检查合格的情况下，以此为样板，从一个班组推广到各个班组，一来可以避免大面积人员走弯路，同时也避免了因为不专业而导致工程质量问题的发生。

(2) 加强巡检，重要工序，重点监督

针对施工中存在的“低、老、坏”的质量通病，施工过程中要加大巡检力度，建立健全质量日、周巡检制度，进一步做到从施工源头狠抓质量，积极控制质量隐患的滋生。对重点工序，关键部位和薄弱环节作为项目质量管理的监督重点。针对不同施工阶段，进行专项排查，例如管道封口、油漆质量、材料存储、设备维护和保养、焊机把线的连接、配管时设备法兰的封口等等。

针对项目的质量管理中出现的问题以及巡检中发现的问题，及时在质量例会中进行通报、讨论、制定解决方案，形成记录，大的问题采用专题会的方式进行交底、培训、制定专项措施，积极发挥预见性的作用。例如某中东项目现场设备组对焊接就是很好的例子。该项目工程有 5 台塔和 9 台换热器的现场组对焊接，是设备施工和焊接作业的难点，项目部预见到了这一点，及时并多次的组织质量、施工、安全召开专题会议，制定多种施工方案，对施工过程中可能出现的施工、质量、安全问题进行了全面考虑。并在现场施工过程中检查员全程监管，实际证明，专题会议的成效很大，由于准备充分，考虑因素多，施工安排得当，最终顺利完成 5 台塔和 9 台换热器的现场组对焊接工作。

现场的质量巡检主要从人、机、料、法、环五个方面进行监管和检查。

(3) 树典型，加大奖惩

树典型，加大奖惩是约束员工遵守现场要求和规定、减少质量问题的重要举措之一。项目初期，根据合同范围以及现场容易出现的质量通病问题以及违反规范和施工程序的行为编制《项目质量奖惩规定》。树立现场表现好的工人和管理人员典型，例如对合格率高焊接时口多的焊工评优，对各参建单位考核表彰，加大对违章行为的处罚力度等等，通过奖惩措施的实施，大幅提高现场的施工质量并促进了全体职工的质量意识。

6.3.9 产品防护

制定现场产品防护(Preservation)规定，使用合适的方法，搬运货物到指定或贮存地点，采取必要的防护措施。对施工完成后和施工过程中的产品和产品的组成部分做好防护工作。

6.4 施工分包质量控制

6.4.1 施工分包商选择

分包工程是工程项目的一部分，其质量如果得不到有效控制，就会对整个工程质量和总承包单位的信誉带来很大的影响。如何有效地控制施工分包工程的质量，可以从以下几方面着手。选择有资质、信誉好的分包队伍，对分包队伍的选择应从以下几方面考虑：

① 施工资质应满足分包工程的要求；

② 主要技术、管理人员应有相关的工作经历或经验；

③ 分包队伍的以往业绩和社会信誉较好；

④ 与本单位以往合作的情况良好。

根据以上要求选择 3 家单位进行招标后确定分包单位；承包商应及时与分包单位签订一份明确的分包合同或协议书。作为总承包单位，还应在分包合同或协议书中明确分包工程的范围、质量技术要求、工期、双方的责任和义务以及最终验收的标准。另外，总承包单位的现场项目部还需对分包工程的施工过程进行现场管理，对现场管理的方式如质保体系建立及效能监察、质量监督、专职质量人员数量配比、施工配合等，均应在分包合同或协议书中得到确认。

6.4.2 组织分包商参加图纸会审

分包合同或协议书签订后，承包商应及时将分包工程的施工图纸发放给分包单位，并组织分包单位参加施工图会审会议。分包单位若因故不能参加施工图会审会议，则作为承包商，应要求分包工程项目的项目经理、技术负责人对分包工程的设计图纸进行详细审查，对分包工程的设计图纸中存在的不清楚的或相互矛盾的地方，列出问题清单，并与承包商澄清、达成共识。

6.4.3 审批分包商的施工策划文件

图纸会审后，承包商的技术负责人应对分包单位编制的分包工程施工计划或施工方案进行审批。审批时应考虑分包工程的施工计划或施工方案是否能满足设计图纸及图纸会审要求和分包合同要求，是否能满足总承包单位的施工计划要求(特别是工期紧张需要交叉作业的情况下，施工进度安排是否合理并便于实施)，是否能满足法律法规和技术标准要求；若不能满足，应向分包单位提出，要求给予完善。待补充完善后的施工计划或施工方案重新审查认可后，才能同意分包工程正式开工。

6.4.4 核查分包队伍的实际进场人员和施工设备

分包工程开工前，承包商的现场项目部应核查分包队伍的主要进场人员、设备。针对现阶段建筑市场仍有一些不规范的地方，为防止分包工程被转包出去，包商核查分包队伍的实际进场人员和进场施工设备显得尤其重要。核查时主要以分包工程的施工计划或施工方案作为依据，核对现场实际进场的人员与分包单位在施工计划或施工方案中确定的项目部人员是否一致、实际进场的设备与施工计划或施工方案中配置的施工设备是否一致；若发现有不一致的地方，承包商现场管理人员应及时向分包单位提出，要求其进行整改或做出必要的说明，直到符合规定的要求。

6.4.5 对分包工程施工现场管理

分包工程开工后，承包商的现场管理人员应督促其进行技术交底，并通过质量安全检查对分包工程的施工情况进行监督控制。

(1) 对材料、半成品、设备的监督检查

材料、半成品、设备的质量是工程质量的基础，其质量不符合要求或选用不当，会直接影响工程质量甚至造成质量事故。所以，承包商应要求分包单位选择信誉良好可靠的供应商，选用有产品合格证、社会信誉好的产品，并进行见证取样送检。

(2) 对施工工序质量的监督检查

承包商的质检人员应对分包工程施工中的工序质量进行定期或不定期的监督检查。主要检查：施工工序是否按图施工，是否满足经审批的分包工程施工计划或施工方案要求，施工工序质量是否满足现行标准和法律法规要求；对重要的关键工序，承包商还应派人进行全过程的监控；对需要隐蔽的部位，在隐蔽前承包商的质检人员应参与隐蔽验收；在监督检查过程中，若发现有不符合要求的地方，特别是不符合强制性条文要求的，应勒令其进行整改，整改合格后才允许进入下一道工序，以保证将质量隐患消灭在工序施工过程中。

(3) 对施工进度管理

承包商应要求分包单位按照施工计划的总进度计划编制每月(必要时每周)的施工进度计划，并按计划组织施工，确保施工进度满足合同要求。因工地实际情况不能按计划施工或因天气不好不能施工需要调整施工进度时，分包单位应以工程联系单等书面形式上报承包商认可。

(4) 现场施工人员的监督检查：

承包商的管理人员应对分包工程施工中的现场施工人员进行不定期的检查核实，特别是对要求持证上岗的人员，如质检员、安全员、电工、焊工、机械操作工、架子工等，应检查人、证是否相符，证件是否有效。若发现有不符合要求的人员，应勒令分包单位限期更换，并将过期的特殊工种操作证送相关部门年审，直到符合要求为止。

(5) 施工机械设备使用的监督检查：

承包商的管理人员应对分包工程施工中的施工机械设备使用进行不定期的检查，特别是垂直运输设备，应要求有安装、拆卸方案，并由有资质的单位安装验收后方可使用。

6.4.6 分包工程竣工验收

分包工程完工后，承包商应对分包工程实物质量和技术资料进行检查验收。

(1) 实物质量验收

当分包单位完成分包合同规定的全部内容后，承包商应要求其进行自检，自检合格后，填写工程竣工报告，上报承包商。由承包商组织对分包工程实物质量检查验收，同时应检查是否按图施工、是否满足经审批的分包工程施工计划或施工方案要求等。对验收中发现的问题，及时整改，直至复检合格。

(2) 竣工资料检查验收

分包单位应按有关规范要求和分包工程所在地档案馆要求的内容整理分包工程技术资料、竣工资料和档案，并移交给承包商。承包商技术人员应对其进行审查、核对，若发现技术资料不全或不真实的，应要求分包单位补充齐全或按真实情况填写。

(3) 工程保修书

分包单位向承包商交付工程产品时应附工程保修书。工程保修书的内容应符合建设工程质量管理条例的有关规定，并明确期限和分包单位的保修承诺。只有分包工程的实物质量和工程技术资料均通过了验收、工程保修书内容符合要求，承包商才能接收分包工程的移交，与分包单位办理移交手续，并进行工程结算。

6.4.7 合理分包

在做好选择和控制分包商的资质与质量的同时，如何确保分包商的质量得到有效控制还应注意：

① 合理的分包计划；

② 合理的工期和费用。

6.4.8 境内境外施工分包质量控制的主要差异

无论境内或者境外分包商的质量控制主要内容都是一致的，仍然需要从“人、机、料、法、环”这五大方面进行控制。

（1）人员控制方面

境内境外分包商都需要有资质的工人和管理人员，但是境内分包商有一定的特殊性，比如语言方面不过关，另外质量管理组织机构有依赖承包商的偏多，但是境外分包人员相对而言没有语言关的问题，而且组织机构独立，更能体现质量管理的效果。

（2）机具控制方面

在施工计量器具和机具方面，无论境内外分包商都做得比较好，差别不大。

（3）材料控制方面

境内的分包商基本在材料控制方面依托承包商的控制，然后直接进行施工作业，而境外当地分包商对采购的材料能进行独立的检查和报承包商及业主检查，对承包商供料也能更细致的检查和验收，并及时的反馈，更能从源头和第一时间发现材料的质量问题。

（4）技术方法控制方面

境内的分包商独立编写施工方案等文件能力偏弱，依赖承包商，境内分包商更偏重于施工作业执行，那么对施工技术方法的交底就要尤为重视。而境外分包商能相对独立的编写质量计划、施工方案等质量文件，并遵照执行。

（5）环境控制方面

自然环境对施工质量影响的控制境内外分包商都无差别，但是在技术环境的控制方面有一定的差异。例如，在熟悉和审查设计文件方面，境内分包商能及时地反映设计问题，使得施工作业只作一次并且一次作对，而境外分包在这些方面相对有所保留，因为这些问题对境外分包商而言也是经济和进度索赔点。

因此境内境外分包商的质量控制方面大体相同，也各有利弊。

6.5 施工不合格品和不符合项控制

6.5.1 业主 NCR 和 SSR

NCR（Non-Conformance Report）不符合报告是 ISO 9000 质量体系中的重要程序控制文件，SSR（Site Surveillance Report）现场监督报告和 NCR 一样都是反映总包方或业主（顾客）对现场工程质量抱怨的一种形式表达。

（1）NCR 的管理

① 质量部编制 NCR 的关闭程序与流程，提高程序的可操作性，具体的流程见图 6-4；

② 在文档部设立 NCR 控制登记表，记录各专业的 NCR 发生的时间、位置、原因、责任单位以及关闭时间等；

③ 将 NCR 文件发送给责任单位，要求按期完成整改工作；

④ 将 NCR 文件信息传达其他各专业部门及单位，举一反三，引以为戒；

⑤ 每周的项目协调会上，通报总包方签署的 NCR 信息以及关闭信息，追踪责任单位关闭时间（原则上要求自签发之日起一周内必须关闭）。

⑥ 质量经理及质量主管全面负责追踪、关闭 NCR 状态；

⑦ 在质量奖惩措施中把 NCR 作为最严重的质量问题项进行处罚，严格按照规定的要求进行操作；

⑧ 为及时追踪 NCR 的关闭状态，由文档管理员负责 NCR 登记台账的维护，登记下发及关闭的 NCR，针对不同专业进行统计并在质量例会及项目协调会上进行通报。

(2) SSR 的管理

参见 NCR 的程序。值得注意的是，一般 SSR 的关闭是自签发日期起两周内关闭，否则自动生成如图 6-4 所示的“业主 NCR 控制流程图”。

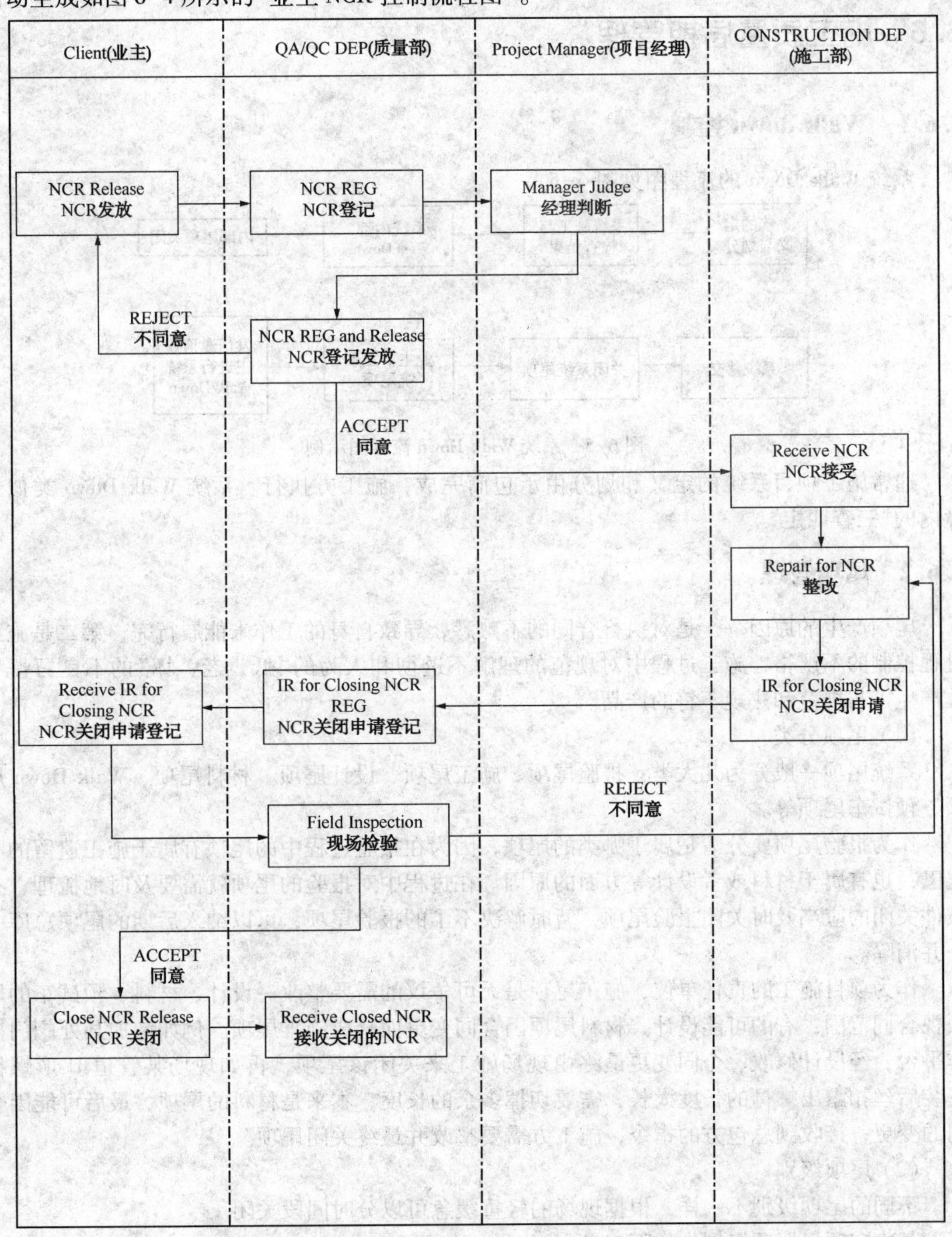

图 6-4 业主 NCR 控制流程图

6.5.2 承包商的NCR

承包商自身的质量管理和检查中产生NCR管理，见“3.19不合格品、不符合项控制”，不合格品/不符合项控制和纠正、纠正/预防措施要求控制。

6.6 施工质量后期管理

6.6.1 Walk down控制

系统Walk Down的流程图见图6-5。

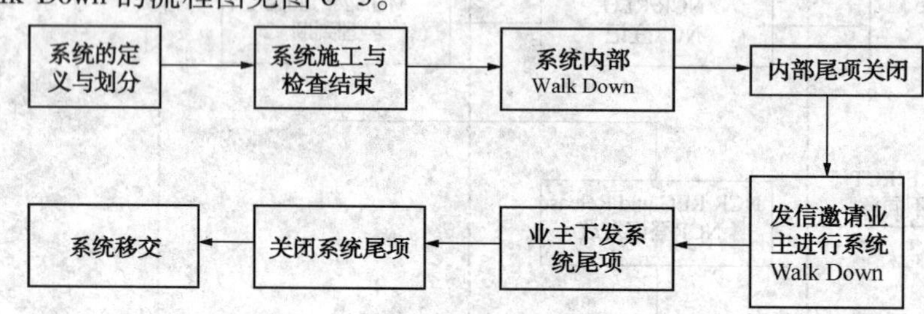

图6-5 系统Walk Down流程图示例

通常施工项目系统的定义和划分由承包商完成，施工方执行。系统Walk Down类似于境内的“三查四定”。

6.6.2 尾项管理

尾项产生的原因一个是对执行合同的不熟悉，导致自身的工作未能履行完，第二是施工过程控制的不严格，施工过程中对规范的理解不透彻和人为的“低、老、坏”的不良习惯导致产生了与规范和法规不符的产品。

（1）尾项分类

系统尾项一般分为几大类：报验尾项、施工尾项、设计尾项、材料尾项、Walk Down尾项、预试车尾项等。

作为报验尾项要分清楚属于哪类的尾项，因为在报验过程中的尾项有属于施工遗留的小尾巴，也有属于材料或者设计等方面的原因。在过程中对报验的尾项就需要及时地梳理，有条件关闭的应当及时关闭报验尾项，暂时解决不了的报验尾项，可以纳入后期的尾项总库中一并消除。

作为项目施工的责任单位，施工尾项是无可争议的需要整改。设计、材料、预试车的尾项视合同范围，有的可能设计、材料尾项因合同变更而转成施工尾项。例如增加某处阀门操作平台，经设计修改、合同变更最终由现场施工来关闭该尾项，再如现场某管道U形螺栓安装后丝扣露出螺母的长度太长，需要切掉多余的长度，本来是材料的尾项，最后可能因合同的变更，接收到总包方的指令，施工方需要整改并最终关闭尾项。

（2）尾项级别

不同的尾项级别不一样，根据现场的轻重缓急可以分时间段关闭。

某中东项目尾项级别作如下定义：

A2项：由于严重偏离基本要求而开出的尾项，需要在释放给下一道工序或相关试验之前关闭；

A1 项：必须在预试车之前关掉的尾项；

A 项：在预试车后，试车之前必须关掉的尾项(即在预试车期间必须关掉的尾项)；

B 项：在系统或分系统机械交工之前必须全部关闭，这些尾项一般是不会影响系统或分系统试车非常小的项目；

D 项：经由业主和承包商共同协商可以推后再进行改正的项目，必须在最终的系统，分系统交工之前完成。

(3) 尾项控制程序

① 业主和承包商的尾项开出并下发给施工单位；

② 施工单位登记到尾项的系统库中；

③ 施工单位将尾项清单按专业、按施工范围拆分，并要求按系统交付的先后顺序，限时关闭尾项；

④ 每条尾项施工完毕后，施工单位检查员先确认，检查合格后通知承包商和业主，再三方现场共同确认签字关闭，有时甚至牵涉到后续装置操作人员的确认；

⑤ 尾项控制人员利用尾项系统库对尾项状态进行发布。

对于后期的尾项关闭，有一些注意事项：

① 对系统 Walk Down 中产生的尾项要举一反三，类似的问题在其他系统中应该提前解决，减少业主 Walk Down 提出的尾项数量；

② 在 Walk Down 时不光质检员参加，同时要求施工员参加，这样能及时了解尾项的信息，否则有的尾项开出后都不知道具体位置，来回澄清耽误时间；

③ 明确尾项范围，如果不是规范要求，或者是业主的额外需求，那么应有额外的指令和相应的费用。

工程后期是最艰难的时期，尤其收尾，纷繁复杂，做很多工作看不到成绩和形象；加上临近结束，人心浮动，说是收尾，但收的全是以前的任务，远没有施工期的那种协同配合的热情。这种情况下，首先建立尾项管理组织体系，由项目经理亲自负责督促此项工作，协调尾项施工中的问题，为尾项完成提供有力保障；第二，快速理清消项申报流程，为现场尾项消除保驾护航；第三，每天组织专题会议，保证尾项责任单位的执行力，逐一落实时间，排定计划，确保尾项完成的及时性。

6.6.3 资料文件的归档和交工

境外项目施工中，工程资料管理是承包商的一个薄弱环节，因为资料问题而影响现场工作时有发生，特别是交工资料这最后环节。因此过程中资料文件就应及时整理归档，逐渐积累。过程资料包括材料、人员等相关资质证书，施工工序的检查 QVD，材料和设备的保养维护记录，NDT 报告，校验证书等。

QVD 的报验及资料交付，在工程开始时，对资料要给与足够的重视，仔细阅读合同中交工资料的要求，搞清交工程序，在施工过程中要按照这些要求有针对性的去做好资料。平时要分项建立资料报验数据库并和现场实际对照，以防漏报和错报，对业主签字认可的 QVD 扫描后保存电子版，并按照专业分类存放。

这里对资料 QVD 的填写有些注意事项，只有从开始注意到这些方面，才能避免很多因资料填写不规范而产生的问题：

① 所有的 QVD 表格内容不能空白，即使有不适用的检查项或者不需要的空格也不能空白，应填写“N/A”；

② Sub-system/System 的内容在项目初期的检查表格中可以暂时不填写，等系统和分系统定义完成，再对前面涉及的相关检验表格进行更新；

③ Check List 中的每项需要检查员确认的都需认真签字，不能只在最上面一行签字，然后打省略号标识。

境外施工项目竣工资料的准备一般有 QC Book 和 NOC(Notice Of Completion)Book。

(1) QC Book

按各专业 ITP 的见证点来分步检查的质量见证资料(QVD)成册。

根据定义好的分系统或系统内的子项逐一检查见证资料是否完善，例如非工艺系统的某个系统内含有多个土建基础，可以将所有该系统内的土建基础列出，然后列出 QVD 的矩阵，放线、开挖、垫层、钢筋、模板、混凝土、回填等等，将所有的见证资料核实一遍。一般过程中严格按照 ITP 的检查点进行报验检查时是不存在资料的缺失情况，如果出现个别资料缺失，需要与业主协商，并拿出相应的辅助支持文件，对原检查资料进行增补。境外项目的质量见证资料的整理与系统或分系统交工同步，所有施工完成并且资料整理完毕才能具备交工条件。

(2) NOC Book

按 EPC 和业主要求的内容成册，通常交工是按系统或分系统号(系统和分系统所包含内容由 EPC 定义)来逐步交工，一般组成部分含：

① 系统或分系统所含专业(可能涉及一个专业或多个专业，视系统和分系统的定义情况)的关键 QVD。这里关键 QVD 是某个专业的某一个或几个步骤的 QVD，也是有 EPC 承包商定义完成；

② AS Built(现场建造)图纸，即通常说的红线图；

③ NCR/SSR 清单，这里不是项目所有 NCR/SSR，是指该分系统或系统内的；

④ Deviation Request(让步申请/偏离申请)清单，这里不是项目所有 DR，是指该分系统或系统内的；

NOC Book 的重点就是 QVD 的整理，所有资料完成才能向业主发 NOC，这就意味着施工与资料的同步，不同于境内项目可能现场施工先交工，再留有一段时间准备交工资料。如果上述的 QC Book 整理完成，那么 NOC Book 中的 QVD 环节肯定不成问题，因此在工程的中期开始，施工员或者质检员就需要有意识地进行 QVD 的矩阵清理。

在发 Notice of Completion 时应注明完成时间，如果 NOC Book 发给业主并经审核后批准，那么完工时间仍然为当初发 NOC 注明的时间，而不是审核后的时间，如果有 comments 的那就另当别论，需要整改完成重新报 NOC Book。

(3) 质量 QVD 的归档和检索

质量 QVD 的归档在过程管理中很重要，能方便后期资料交工时的检索。一般过程中 QVD 的存档按 AFI 的检查顺序分专业进行成册，AFI 的编号按专业和流水号进行，例如 AFI-PIP-XXXX，AFI-EQ-XXXX 等等，之前需设置各专业的简单缩写，即上述列举的管道专业英语缩写 PIP，设备专业英语缩写 EQ。这样在准备 QC Book 和 NOC Book 中所需的 QVD 在 AFI 台账中找出相应 AFI 编号，然后根据编号顺序去存档资料中找出 QVD。按照上述原则进行编码后，以分专业进行资料的归类和整理，不但各专业的资料内容一目了然，而且方便后期从成千上万个 QVD 中找出需要的 QVD，否则 QVD 的检索是个巨大的工程。

6.7 质量改进

质量改进(Quality Improvement)为向本组织及其顾客提供增值效益，在整个组织范围内所采取的提高活动和过程的效果与效率的措施。质量改进是消除系统性的问题，对现有的质量水平在控制的基础上加以提高，使质量达到一个新水平、新高度。

善于总结教训的企业才会长足发展和进步，懂得如何“摒弃”才能使明天不再重复今天的错误。下面各专业举一个案例说明质量问题以及最终解决措施：

【案例一】土建专业

某中东项目中的 3 台压缩机基础，采用环氧灌浆时出现了灌浆层的开裂。主要原因：环氧灌浆的厚度超标，厂家的说明书与设计要求出现材料强度不匹配，灌浆结束后在养护期间环氧灌浆层出现应力不均匀造成表面出现裂纹。

解决办法：在与承包商的协商后，采用新的粘接材料，沿原来的裂纹位置进行粘接，检查强度及稳定性合格，达到了设计要求。在以后关于环氧灌浆设备灌浆过程中，首先检查基础标高偏差，不得超过规范要求的灌浆厚度，应严格按照规范及厂家指导书进行配料。

【案例二】管道专业

某中东项目按照项目规范要求，当管道组装时，如出现偏差，则采取重新滚制管道或用扩张器等手段进行减小偏差，但不允许用临时组焊工具进行强力组对。管道施工前期在 78in 地管施工中，由于采用境内常用的施工方法即焊接临时卡具进行纠正，没有编写具体的措施来控制质量，造成了 NCR 的出现。

解决办法：针对已经发生的 NCR 关闭，将所有临时卡具的焊接点进行表面检测，检测合格后，附检测报告关闭 NCR。针对大口径管道组对施工，必须采用临时焊接卡具时，应及时编写施工措施，达到规范要求。如：所有的临时点焊点增加表面无损检测来保证管道的质量等。

【案例三】钢结构专业

钢结构的安装偏差主要受土建基础和预制质量的影响。某中东项目由于土建基础的偏差较大以及钢结构的预制误差造成的累积偏差后，结构的底座板无法安装。业主规范明确规定不得对底座板进行扩孔，但现场施工人员没有按照方案施工，私自用火焰切割进行扩孔。

解决办法：加强监管，发现问题后，立即叫停现场施工人员的错误做法，遇到钢结构预制偏差以及土建基础偏差造成钢结构安装困难时，积极联系总包方及设计方对问题进行确认，确认后编制扩孔修改措施，如在扩孔口增加相应的补强手段、焊接加强版或增加斜撑等，措施经批复后扩孔。

【案例四】设备专业

动设备的二次对中：某中东项目动设备安装主要遵循的规范为 API 686。对泵的对中要求十分严格，要求对中偏差在任何角度内均<0.05mm，对于千分尺的支托架的自重挠度也有严格规定，要求挠度<0.8mm/m。在这些高精度的要求下，出现的问题最突出的是自制工

具部分，自制工具比较粗糙也不符合测量质量标准。

解决办法：采购一批专业的测量工具，如测量动设备的激光对中仪和带轮对中仪，提高测量精度，满足规范要求。

【案例五】电气/仪表专业

某中东项目在控制回路的测试时，部分调节阀单校时各项参数合格，但回路测试时发生"喘振"；调节阀的阀杆在行程中"抖动"。经调查是阀门定位器的气路输出不畅或气路发生轻微堵塞。究其原因，主要是 tubing 管空气吹扫时间过短，管线内灰尘和微粒并未完全吹扫干净，因此在回路测试时，杂质随气源管进入阀门定位器内部的气路，造成气路堵塞或输出不畅，发生"喘振"现象。

解决办法：安排专人对 tubing 管重新进行吹扫，直到管线洁净度达到要求，安装 tubing 管时注意封口。

【案例六】罐专业

某中东项目罐壁板变形：在罐施工过程中，局部焊接返修以及罐内部隔板焊接产生了罐壁局部凹凸度超标。

解决办法：罐壁板变形后的矫正非常难，并且效果也不十分理想。一般都是采用钢性强力矫正，或切除焊缝重新焊接两种方式。控制罐壁板的变形应充分重视，虽然罐壁板的局部变形并不影响储罐的功能，但由于罐壁板变形后无法及时隐蔽，影响外观，而且不符合业主规范对罐壁凹凸度的质量要求。

储罐的焊接返修时，应格外重视焊接变形因素，由于应力集中在修改位置，所以在返修前应做好加固工作，在返修位置临时焊接弧形加强板，避免焊接后造成焊接变形。另外，储罐内部隔板焊接时应采取预留收缩缝的焊接工艺，即在整个隔板排版时，预留最后组装焊接缝，在其他焊缝全部焊接结束后再组焊收缩缝。

【案例七】防火专业

某中东项目施工过程中出现了防火锚固件焊接不牢的质量问题，由于结构的防腐工序已经结束并且结构已经安装，造成焊接防火螺帽时没有及时清除镀锌层，出现防火螺帽在防火作业中出现脱落。

解决办法：在防火螺帽焊接时，必须清除结构表面的防腐层，露出金属光泽后焊接，焊接后及时清除药皮，检查焊接的融合情况，没有融合充分的进行修补。

质量改进与质量控制效果不一样，但两者是紧密相关的，质量控制是质量改进的前提，质量改进是质量控制的发展方向，控制意味着维持其质量水平，改进的效果则是突破或提高。可见，质量控制是面对"今天"的要求，而质量改进是为了"明天"的需要。

6.8 质量数据分析

质量数据分析是通过采集对象的数据综合分析后可以来反映对象的质量，前提是数据的真实性、时效性和针对性，这是综合考查某个对象的一个很重要的参考和手段。

通常对项目单位时间内工程各项报验一次合格率的统计和分析，能更有效地说明施工过程质量控制的效果。

如某月内，焊工焊接报验不通过或者通过率低，通过对报验的焊工焊道数据统计分析，可反应出是否焊工本身技能不过关，还是质量控制不到位等。如某周内，无损检测合格率低，通过进行缺陷的统计和分析，能得出是否防风等环境控制不到位，或者是焊材本身的质量问题，还是烘烤的质量控制不到位等。如某周，现场土建施工混凝土浇筑前的报验通过率低，对报验被拒绝的原因进行统计分析，能得出是否工人未按照要求施工，还是相关管理人员监管不到位，或者是工人对规范要求没有领会等。

因此，通过数据的统计掌握施工现状，再经过对这些数据进行综合分析和专题分析来发现问题，分析存在的问题的根源，再采取相应的整改措施，从而达到提高和改进的目的。

6.9 辅助软件的应用

通常施工项目管道工程量大，造成焊接工作量在整个施工中占据重要位置。焊接质量管理软件的运用，是现场管理经验和计算机科学的结合。将复杂、繁琐的管道数据利用计算机科学进行处理，提高项目的焊接质量管理控制水平。

6.9.1 焊接管理系统理念

采用信息化的焊接管理系统，通过提高焊接管理效率和水平，提升焊接工作的效率和质量，见图 6-6。

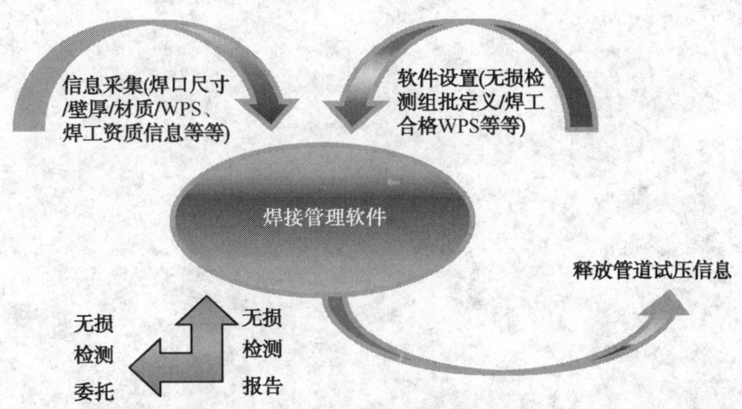

图 6-6　焊接信息化管理示意图

基本理念：以焊口作为基础单位，通过焊口信息的采集、规范要求的设置，进行过程检测和控制，最终达到管道试压放行的目的。

6.9.2 焊接管理软件的主要功能

（1）焊接工作量的统计

每天焊接完成并经过焊接检查员签字的焊接日报信息录入到焊接管理软件系统中，完成工作量的统计。同时通过初期焊工资质、WPS 等信息的设置，进一步对签字的焊接日报内容进行核实，加强对焊接参数的使用、焊工是否超范围焊接等方面进行控制。例如，根据检查确认后的焊接日报信息，某焊口的焊工焊接信息不能录入到焊接管理软件，可能就存在焊工超范围焊接的情况，当然也可能日报填报信息有误，那么也进一步核实焊接检查员工作是否到位。同时也可能焊工合格项目的增补，焊接管理软件没有及时更新，所以能促进过程的管理和控制。

（2）材料可追溯性的控制

首先将材料管理 Marin 系统中材料的炉批号信息导入到焊接管理软件数据库中，然后系统录入员采集焊接日报的信息时进行核对，保证每个配件、每段管道的可追溯性。如果某个配件有厂家制造的问题，可以跟踪到已经使用的该配件的具体管线号以及焊口，这样就能追溯到现场的具体位置，对后续的检测等相关活动有决定性的意义。

（3）无损检测的控制

焊接工程师在熟悉项目执行规范后，对焊接管理软件进行设置。例如设定什么类型的焊缝做什么样的检测，什么管道等级检验比例是多少等等要求。系统在管理员录入焊接信息后，根据设置的要求，后台自动运行生成无损检测的委托单。焊接工程师可以根据检测的信息等情况，辅助现场的焊接质量管理。

（4）试压包放行控制

焊接管理软件根据焊口对试压包定义完成，在试压前要确保试压包内任意焊口无焊接或者检测遗留，这样才能对试压包资料签字放行，现场才能进行试压。

附件1 术语和定义

GB/T 19000—2008(ISO 9000：2005)《质量管理体系 基础和术语》(Quality management systems——Fundamentals and vocabulary)给出的术语适用于本书。本书补充部分工程建设、境外项目常用术语和有关英文缩写如下。

1 术语表(中文排序)

A

安全完整性等级 Safety Integrity Level[SIL]：一组离散型参数，是机能安全的一部分，定义为由于安全机能所降低风险的相对水平，或是风险降低后，风险的相对水平。具体定义为衡量安全仪表功能所必须具备的安全完整性等级的非连续量，用SIL1、SIL2、SIL3、SIL4进行表示。SIL4为安全完整性水平的最高等级，SIL1为最低等级。

B

不合格品 Non-Conformity of Product：在生产或施工过程中不符合要求的产品。

不符合项 Non-Conformity：泛指管理或生产中不符合要求的活动。

不合格(不符合)报告 Non-Conformity Report[NCR]：描述不合格(不符合)的报告。一般是质量保证/控制人员/检验员审核和检查发现的输出，也可以是工作过程中偶然发现的输出。通常导致纠正、纠正措施或必要的预防措施。

C

承包商 Contractor：系指合同协议书中被称为承包商的当事人及其财产所有权的合法继承人。

承包商代表 Contractor's Representative：系指由承包商在合同中指名的人员，或有时由承包商[承包商代表]的规定任命为其代表的人员。

采购 Procurement[P]：以合同方式有偿取得货物、工程和服务的活动，包括购买、租赁、委托、雇用等。

材料请购文件 Material Requisition[MR]：全称为设备/材料技术请购文件(Technical Requisition for Equipment/Material)。规定拟采购的设备和材料的技术性能、数量、分类、制造/检验要求、服务和文件等要求的文件，也包括对设备/材料供应商的要求，评标原则等。是招标和/或采购文件的组成部分。MR一般不适用服务产品的采购。

材料可靠性鉴定 Positive Material Indication[PMI]：鉴定金属材料元素组成和含量。主要的金属材料可靠性鉴定方法有化学分析、重量分析、光谱分析、容量分析、火花鉴别等。光谱分析法是工程中常用的方法。

D

单机试车 Test Run：现场安装的驱动装置空负荷运转或单台机器、机组以水、空气等为介质进行的负荷试车，以检验其除受介质影响外的机械性能和制造、安装质量。

F

方案 Method Statement[MS]：是现场工作具体实施的方法和步骤说明。

分包商 Subcontractor：系指为完成部分工程，在合同中指名为分包商、或被任命为分包商的任何人员，以及这些人员财产所有权的合法继承人。

焊接工艺评定作业指导书 Welding Procedure Specification[WPS]：是对焊接变量的范围的描述，指导和控制焊接作业手册

焊接工艺评定 Procedure Qualification Record[PQR]：是对某种焊接工艺变量数据的记录，是 WPS 编制的依据。

焊后热处理 Post Welded Heat Treatment[PWHT]：是松弛焊接残余应力，稳定结构的形状和尺寸、减少畸变，改善母材、焊接接头的性能，降低热影响区硬度，提高抗应力腐蚀的能力的一种方法。能进一步释放焊缝金属中的有害气体，尤其是氢，防止延迟裂纹的发生。

放弃 Waiver：由于已知的理由或特权，自发地对要求的放弃。未经批准的放弃将导致不合格。

放弃请求 Waiver Request[WR]：描述放弃并请求批准的文件。

风险 Risk：一旦发生，就会对项目目标产生积极或消极影响的不确定事件或条件。

服务 Service：为满足特定组织或个人的某种需求，依靠知识、智力、体力，以语言、文字的传递、劳动的提供等为实施表现的、不生产实物成品的活动。

G

工程 Works：系指永久工程和临时工程，或视情况指二者之一。

工程所在国 Country：系指实施永久工程的现场(或其大部分)所在的国家。

工程设计 Engineering[E]：依照工程建设项目所在地区的技术、经济、环境条件和国家有关法律、法规，运用工程技术，将顾客对拟建工程的要求，转化为工程设计文件的服务过程。

工程总承包 Contracting of EPC/EP/EC/PC，etc.[EPC/EP/EC/PC]：工程总承包企业受顾客委托，按照合同约定对工程建设项目的设计、采购、施工、开车(服务)等实行全过程或若干阶段的承包，合同价格可以是各种形式。EPC 的工作范围一般从工程设计开始到施工完成，即机械完工。

工程变更 Change in the Work：系指按照变更和调整的规定，经指示或批准作为变更的，对雇主要求或工程所做的任何更改，即项目实施过程中，因业主或承包商的原因，引起项目任务、范围、工程标准等方面的变动。

国际咨询工程师联合会(法语 Fédération lnternationale Des lngénieurs Conseils)/(英语 International Federation of Consulting Engineers)[FIDIC]：1913 年在英国成立。第二次世界大战结束后 FIDIC 发展迅速起来。至今已有 60 多个国家和地区成为其会员。中国于 1996 年正式加入。

FIDIC 是国际上最有权威的被世界银行认可的咨询工程师组织。主要职能机构有：执行委员会(TEC)、土木工程合同委员会(CECC)、业主与咨询工程师关系委员会(CCRC)、职业责任委员会(PLC)和秘书处。

国际标准化组织 International Organization for Standardization[ISO]：ISO 是一个国际标准化组织，其成员由来自世界上 100 多个国家的国家标准化团体组成，代表中国参加 ISO 的国家机构是国家质量监督检验检疫总局。ISO 与国际电工委员会(IEC)有密切的联系。ISO 和 IEC 作为一个整体担负着制订全球协商一致的国际标准的任务，ISO 和 IEC 都是非政府机构，它们制订的标准实质上是自愿性的，这就意味着这些标准必须是优秀的标准，它们会给工业和服务业带来收益，所以他们自觉使用这些标准。

国际标准 International Standard：

定义 1：由国际标准化/标准组织(international standardizing/standards organization)通过的并公开发布的标准。(ISO/IEC Guide 2：2004，definition 3.2.1.1)

定义 2：由国际标准化组织 ISO 或 IEC 发布的标准。(international standard where the international standards organization is ISO or IEC，ISO/IEC Directives，Part 2，2004，definition 3.3])

国家标准 National Standard：由国家标准机构通过的并公开发布的标准。

工艺包 Process Design Package[PDP]：成套装置含工艺专利的技术文件，一般由专利商提供。

供应商 Supply/Vendor：提供货物或服务的组织。

管道及仪表流程图 Piping and Instrumentation Diagram[P&ID]：借助统一规定的图形符号和文字代号，用图示的方法把建立化工工艺装置所需的全部设备、仪表、管道、阀门及主要管件，按其各自功能以及工艺要求组合起来，以起到描述工艺装置的结构和功能的作用。

雇主 Employer：系指在合同协议书中被称为雇主的当事人及其财产所有权的合法继承人。

注：当雇主是一个公司时，在具体承包合同中常被称为 Company，并定义 Company 的注册名称；当财产权一致时，雇主和业主可以是同一方。

雇主代表 Employer's Representative：系指由雇主在合同中指名的人员，或有时由雇主[雇主代表的人员]的规定任命为其代表的人员。雇主代表将被认为具有雇主根据合同规定的全部权力，涉[由雇主终止]规定的权利除外。

雇主或雇主代表可随时对一些助手指派和托付一定的任务和权力，也可撤消这些指派和付托。这些助手可包括驻地工程师和(或)担任检验、和(或)试验各项生产设备和(或)材料的独立检查员。以上指派、付托或撤销，在承包商收到抄件后生效。这些助手应具有适当的资质、履行其任务和权利的能力，并能流利地使用[法律和语言]规定的交流语言。

《工程新闻记录》Engineering News-Record：创刊于 1876 年，其举办的“225 家全球最大承包商”、“225 家最大国际承包商”以及“150 家全球最大设计企业”、“200 家最大国际设计企业”排名，在全球建筑业界颇具影响力。

J

检查申请 Application for Inspection/Request for Inspection/Inspection Request [AFI/RFI/IR]：是根据 ITP 上的停检点要求，预约业主检查的申请，通常提前 24 小时正式发给业主。

基础工程设计 Basic Engineering Design[BED]：工程设计的一部分。确定装置的物料平衡、能量平衡，主要设备选型及主要设备请购文件出版。各专业设计方案确定，一般供政府或业主审查。

计划 Plan：实现目标的行动方案。

健康、安全和环境 Health，Safety & Environment[HSE]：有时也称 HSSE(Health，Safety，Security & Environment)职业健康(Occupational health)、安全和环境的统称。

技术标准的采用(转化)Adoption Translation of Standard：国际技术标准通过严格专业化的翻译和转化，可以成为区域或国家的标准。按 ISO/IEC 导则 21 第一部分《采用国际标准作为区域或国家标准的指南》(Regional or National Adoption of International Standards and other International Deliverables)采用(转化)有以下三种方式：

(1) 等同采用(Idt)。国家标准等同于国际标准，仅有或没有编辑性修改。编辑性修改。根据 ISO/IEC 导则 21 的定义，是指不改变标准技术的内容的修改。如纠正排版或印刷错误；标点符号的改变；增加不改变技术内容的说明、指示，等等。可见，等同采用就是指国家标准与国际标准相同，不做或稍做编辑性修改。

(2) 等效采用(Eqv)。国家标准等效于国际标准，技术上只有很小差异。可见，等效采用就是技术内容上有小的差异、编辑上不完全相同。
所谓技术上的很小的差异，ISO/IEC 导则 21 中定义为：国家标准与国际标准之间的小的技术差异是指，一种技术上的差异在国家标准中不得不用，而在国际标准中也可被接受，反之亦然。

(3) 非等效采用(Neq)。国家标准不等效于国际标准。非等效采用时，国家标准与国际标准在技术上有重大差异。国家标准中有国际标准不能接受的条款，或者在国际标准中有国家标准不能接受的条款。

注：例如 GB/T 19001—2008《质量管理体系 要求》就是等同采用 ISO 9001：2008 Quality management System——Requirements，在国家标准的前言里有明确说明，标准号表示为 GB/T 19001—2008/ISO 9001：2008。

技术标评估 Technical Bid Evaluation[TBE]：针对设备/材料供应商或分包商技术投标文件的评估文件，用于评价该供应商或分包商是否有技术能力满足要求。

技术询问和请求 Technical Query[TQ]：在工作开始前，当前工作人员对收到的作为工作输入的技术文件或实物情况提出的质询，一般在该技术文件或实物情况存在矛盾及不足影响后续工作顺利开展时提出，一般同时带有处置建议请求。

境外 Out of People's Republic of China：中华人民共和国领域以外或者领域以内中华人民共和国政府尚未实施行政管辖的地域。

机械竣工(完工)Mechanical Completion[MC]：工程已实现合同规定的阶段目标，即合同所含的工艺装置和界外辅助设施的施工工程已全部完工，管道系统和设备的内部处理、电气和仪表调试及单机试车合格。

交钥匙工程 Lump Sum Turnkey[LSTK]：一般指闭口价合同的交钥匙工程。工作范围可以从前期开始，也可以从工程建设的其他阶段开始，到具备开车生产条件。

检验和试验计划 Inspection and Test Plan[ITP]：在设备制造和工程施工之前，根据制造和施工的工序和节点，遵照设计文件的规定，计划安排的各种检验控制点。一般以表格形式列出需要检验的项目，控制点等级，列出检验和验收标准等。

基准日期 Base Date：FIDIC 合同条件中的时间用语，指递交投标书截止前 28 天的日期。

L

领导力 Leadership：通常指积极影响或引领变化，采取行动，对满足要求的过程进行策划、引导和监督，带头实现目标的能力；是一种创造和谐环境以利于发挥团队作用，保障相关方权益的能力；是一种有关前瞻与规划、沟通与协调、真诚与均衡的艺术；领导力需要有知识和资源的支持。

炼化工程 Engineering of Refining & Petrochemical Project：指炼化装置或工厂的建设工程（项目）。

炼化是石油炼制和石油化工合起来的简称。石油炼制简称炼油（Refining）指以石油和天然气为原料，生产石油产品和石油化工产品的加工工业。石油产品又称油品，主要包括各种燃料油（汽油、煤油、柴油等）和润滑油以及液化石油气、石油焦碳、石蜡、沥青等。石油化工（Petrochemical）是以炼油提供的原料油进一步化学加工。生产石油化工产品的第一步是对原料油和气（如丙烷、汽油、柴油等）进行裂解，生成以乙烯、丙烯、丁二烯、苯、甲苯、二甲苯为代表的基本化工原料，第二步是以基本化工原料生产多种有机化工原料及合成材料（塑料、合成纤维、合成橡胶等）。

M

美国焊接协会 American Welding Society[AWS]：美国焊接协会是世界最大的技术协会，它从事于焊接及材料的连接工作，协会的专业人员包括各种学科的人员，有工程师、科学家、教育家、研究员、行政人员、卖方代表、焊工、检查人员及学生。

P

偏离 Deviation：对要求的偏差，可以是正偏离，也可以是负偏离。未经批准的负偏离将导致不合格。

偏离请求 Deviation Request[DR]：描述偏离并请求批准的文件。

Q

前端工程设计 Front-End-Engineering-Design[FEED]：在工程设计之前，按照工艺包技术，进行的前期工程化设计。

全面质量管理 Total Quality Management[TQM]：最先是 20 世纪 60 年代初由美国的著名专家菲根堡姆提出。是在传统的质量管理基础上，随着科学技术的发展和经营管理上的需要发展起来的现代化质量管理，是一门系统性很强的科学。

企业的全面质量管理，是指企业中所有部门，所有组织，所有人员都以产品质量为核心，把专业技术，管理技术，数理统计技术集合在一起，建立起一套科学严密高效的质量保证体系，控制生产过程中影响质量的因素，以优质的工作最经济的办法提供满足用户需要的产品的全部活动。

区域标准 Regional Standard：由区域标准化/标准组织通过的并公开发布的标准。

企业资源计划 Enterprise Resource Plan[ERP]：由美国计算机咨询和评估集团 Gartner Group 公司于 1990 年提出的一种供应链的管理思想。企业资源计划是指建立在信息技术基础上，以系统化的管理思想，为企业决策层及员工提供决策运行手段的管理平台。

S

三查四定 Walk Down：通常由业主、承包商和分包商联合对系统或者分系统交工前现场的检查，并且开出一些尾项，这些尾项结束后业主才能接受系统或者分系统。

施工 Construction[C]：把设计文件转化为工程产品的过程。包括建、构筑物的建造，设备、管道、电气、仪表的安装和调试，设备、管道系统的内部处理以及单机试车等作业。

剩余工作清单 Punch List：检查后需要限时完成的条目清单。

T

投标邀请书 Invitation to Bid[ITB]：招标人发出的邀请投标文件，包括招标人和标的物的介绍，标的物的要求和对投标人的要求、评标原则等。ITB 文件可以应用于所有形式产品作为标的物的招标，包括硬件产品，软件、流程性材料、服务等产品的招标。工程作为一个集硬件、软件、服务、甚至也包括流程性材料在内的一个集成性产品，在招投标阶段，一般适用 ITB。

W

完工通知资料 Notice of Completion[NOC Book]：在现场施工和尾项结束后，整理的系统或者分系统的交工资料，一般含有完工通知(告知业主该系统或者分系统工作已经结束，请业主确认)、图纸(按现场建造的图纸，即 as built)、NCR 清单、偏离的清单、相关的 QVD 等等。

无损检测 No-Destroyed Test/Examination[NDT/NDE]：不破坏制成品的检测。一般无损检测方法有射线检测(RT)、超声波检测(UT)、表面着色检测(PT)、磁粉检测(MT)、灵敏度检测(PT)、光谱检测(ST)、硬度检测(HT)、厚度检测(TT)等。

危险和可操作性分析/研究 Hazards and Operability Analysis/Study[HAZOP]：以系统工程为基础的一种可用于定性分析或定量评价的危险性评价方法，用于探明生产装置和工艺过程中的危险及其原因，寻求必要对策。通过分析生产运行过程中工艺状态参数的变动，操作控制中可能出现的偏差，以及这些变动与偏差对系统的影响及可能导致的后果，找出出现变动可偏差的原因，明确装置或系统内及生产过程中存在的主要危险、危害因素，并针对变动与偏差的后果提出应采取的措施。

X

现场 Site：系指将实施永久工程和运送生产设备与材料到达的地点，以及合同中可能指定为现场组成部分的任何其他场所。

现场监督报告 Site Surveillance Report[SSR]：描述施工过程中产品存在潜在的不合格的报告。由质量保证/控制人员/检验员发现和发出。SSR 将导致预防措施以避免不合格的产生。

现场技术询问和请求 Site Technical Query[STQ]：现场的 TQ，一般由施工单位提出，内容关系到设计文件和采购材料等。

项目 Project：为完成某一独特产品或服务所做的一次性努力。

详细工程设计 Detailed Engineering Design[DED]：为施工提供技术文件的工程设计，也包括所有设备的请购文件出版。一般在基础设计审查批准后，也称施工图设计。

项目管理 Project Management[PM]：在项目连续过程中对项目的各方面进行策划、组织、检测和控制，把知识、技能、工具和技术应用于项目活动中，以达到项目目标的全部活动。

项目管理承包 Project Management Contract[PMC]：指业主在项目建设过程中，选择一家项目管理承包商，与之签订项目管理承包合同。该承包商根据合同，代表业主在项目早期策划，项目定义项目融资安排及工程设计、采购、施工和试运行等阶段，对工程质量、进度和费用进行全面管理，从而确保项目目标的实现。

项目管理团队/联合项目管理团队 Project Management Team/ Integrated Management Team/ Integrated Project Management Team[PMT/IMT/IPMT]：由业主、业主代表或业主委托的项目管理承包商一方或多方组成的项目管理团队。由两方或多方联合组成共同进行项目管理工作组成的团队，通常被称为联合项目管理团队。

Y

预试车/试车 Pre-Commissioning/Commissioning：从机械竣工(中间交接)至用户验收期间，对合同项目所含的工艺生产装置、辅助生产装置、公用工程系统和界外设施的试车准备、核查、调试、吹扫、试运转、模拟试车、投料试车、性能考核以及签发用户验收证书等项活动的总称。

业主 Owner：拥有目标财产所有权和支配权的个人或团体。

Z

质量成本 Cost of Quality[COQ]：指整个产品生命周期中与质量相关的所有努力的总成本，包括为预防不符合要求，为评价产品或服务是否符合要求，以及因为达到要求(返工)，而发生的所有成本。

注：符合要求和不符合要求都需要付出成本和代价：

a）符合要求的成本

保持符合要求(保持输出合格产品/合格服务)的质量成本有：培训、文件化流程和计划，等。

b）不符合要求的成本和代价

不符合要求(输出不合格产品/不合格服务)的质量成本有：返工、报废、返修、补偿性服务、质保责任、报修、业务流失，等。

c）判断是否符合要求的成本

评定是否符合的质量成本有：检验、试验、检查、审核，等。

以上三种除了业务流失，都需要人力和设备、合适的时间。业务流失是最重要的质量成本和代价。

质量管理和质量保证技术委员会 Technical Committee of Quality management and Assurance[ISO TC176]：ISO 的技术委员会之一。是 ISO 负责指定有关质量管理和质量保证国际标准的技术委员会。

质量见证资料 Quality Verified Document[QVD]：在提交 ITP 文件给业主批复时，每步检

查点需要的检验表格就是 QVD，实际就是检查点的记录，通称为质量见证资料

执行力 Execution：贯彻战略意图，完成预定目标的操作能力。它是企业竞争力的核心，是把企业战略、规划转化成为效益、成果的关键。执行力同样需要有知识和资源的支持。

工程项目质量管理体系 Project Quality management System：

是指建立工程项目质量方针和质量目标并实现这些目标的体系，主要内容为：工程项目质量策划、质量控制和质量保证。通过实施一个适宜的质量管理体系，项目组织可以提高其项目实施过程的能力和可靠性，并持续改进，达到使业主满意的程度。

ISO 9000 族标准 ISO 9000 Family：由 ISO/TC 176 技术委员会制定的所有国际标准。它不是指一个标准，而是一族标准的统称。

2 术语表(英文排序)

A

Adoption Translation of Standard 技术标准的采用/转化：国际技术标准通过严格专业化的翻译和转化，可以成为区域或国家的标准。按 ISO/IEC 导则 21 第一部分《采用国际标准作为区域或国家标准的指南》(Regional or National Adoption of International Standards and other International Deliverables)采用(转化)有以下三种方式：

(1) IDT：等同采用。国家标准等同于国际标准，仅有或没有编辑性修改。编辑性修改。根据 ISO/IEC 导则 21 的定义，是指不改变标准技术的内容的修改。如纠正排版或印刷错误；标点符号的改变；增加不改变技术内容的说明、指示，等等。可见，等同采用就是指国家标准与国际标准相同，不做或稍做编辑性修改。

(2) EQV：等效采用。国家标准等效于国际标准，技术上只有很小差异。可见，等效采用就是技术内容上有小的差异、编辑上不完全相同。

所谓技术上的很小的差异，ISO/IEC 导则 21 中定义为：国家标准与国际标准之间的小的技术差异是指，一种技术上的差异在国家标准中不得不用，而在国际标准中也可被接受，反之亦然。

(3) NEQ：非等效采用。国家标准不等效于国际标准。非等效采用时，国家标准与国际标准在技术上有重大差异。国家标准中有国际标准不能接受的条款，或者在国际标准中有国家标准不能接受的条款。

如 GB/T 19001—2008《质量管理体系 要求》就是等同采用 ISO 9001：2008 Quality management System——Requirements，在国家标准的前言里有明确说明，标准号表示为 GB/T 19001—2008/ISO 9001：2008。

American Welding Society[AWS]美国焊接协会：是世界最大的技术协会，它从事于焊接及材料的联结工作，协会的专业人员包括各种学科的人员，有工程师、科学家、教育家、研究员、行政人员、卖方代表、焊工、检查人员及学生。

Application for Inspection/Request for Inspection/Inspection Request[AFI/RFI/IR]检查申请：是根据 ITP 上的停检点要求，预约业主检查的申请，通常提前 24h 正式发给业主。

B

BaseDate 基准日期：是 FIDIC 合同条件中的时间用语，指递交投标书截止前 28 天的日期。

Basic Engineering Design[BED]基础工程设计：是工程设计的一部分。确定装置的物料平衡、能量平衡，主要设备选型及主要设备请购文件出版。各专业设计方案确定，一般供政府或业主审查。

C

Change in the Work 工程变更：指按照变更和调整的规定，经指示或批准作为变更的，对雇主要求或工程所做的任何更改，即项目实施过程中，因业主或承包商的原因，引起项目任务、范围、工程标准等方面的变动。

Contractor 承包商：指合同协议书中被称为承包商的当事人及其财产所有权的合法继承人。

Contractor's Representative 承包商代表：指由承包商在合同中指名的人员，或有时由承包商[承包商代表]的规定任命为其代表的人员。

Contracting of EPC/EP/EC/PC, etc.[EPC/EP/EC/PC]工程总承包：指工程总承包企业受顾客委托，按照合同约定对工程建设项目的设计、采购、施工、开车(服务)等实行全过程或若干阶段的承包，合同价格可以是各种形式。EPC 的工作范围一般从工程设计开始到施工完成，即机械完工。

Construction[C]施工：指把设计文件转化为工程产品的过程。包括建、构筑物的建造，设备、管道、电气、仪表的安装和调试，设备、管道系统的内部处理以及单机试车等作业。

Country 工程所在国：指实施永久工程的现场(或其大部分)所在的国家。

Cost of Quality[COQ]质量成本：指整个产品生命周期中与质量相关的所有努力的总成本，包括为预防不符合要求，为评价产品或服务是否符合要求，以及因为达到要求(返工)，而发生的所有成本。

注：符合要求和不符合要求都需要付出成本和代价：

a)符合要求的成本

保持符合要求(保持输出合格产品/合格服务)的质量成本有：培训、文件化流程和计划，等。

b)不符合要求的成本和代价

不符合要求(输出不合格产品/不合格服务)的质量成本有：返工、报废、返修、补偿性服务、质保责任、报修、业务流失，等。

c)判断是否符合要求的成本

评定是否符合的质量成本有：检验、试验、检查、审核，等。

以上三种除了业务流失，都需要人力和设备、合适的时间。业务流失是最重要的质量成本和代价。

D

Detailed Engineering Design[DED]详细工程设计：指为施工提供技术文件的工程设计，

也包括所有设备的请购文件出版。一般在基础设计审查批准后，也称施工图设计。

Deviation 偏离：指对要求的偏差，可以是正偏离，也可以是负偏离。未经批准的负偏离将导致不合格。

Deviation Request[DR]偏离请求：为描述偏离并请求批准的文件。

E

Engineering of Refining & Petrochemical Industry 炼化工程：指炼化装置或工厂的建设工程（项目）。

炼化是石油炼制和石油化工合起来的简称。石油炼制简称炼油(Refining)指以石油和天然气为原料，生产石油产品和石油化工产品的加工工业。石油产品又称油品，主要包括各种燃料油(汽油、煤油、柴油等)和润滑油以及液化石油气、石油焦碳、石蜡、沥青等。石油化工(Petrochemical)是以炼油提供的原料油进一步化学加工。生产石油化工产品的第一步是对原料油和气(如丙烷、汽油、柴油等)进行裂解，生成以乙烯、丙烯、丁二烯、苯、甲苯、二甲苯为代表的基本化工原料，第二步是以基本化工原料生产多种有机化工原料及合成材料(塑料、合成纤维、合成橡胶等)。

Employer 雇主：指在合同协议书中被称为雇主的当事人及其财产所有权的合法继承人。

注：当雇主是一个公司时，在具体承包合同中常被称为 Company，并定义 Company 的注册名称；当财产权一致时，雇主和业主可以是同一方。

Employer's Representative 雇主代表：系指由雇主在合同中指名的人员，或有时由雇主[雇主代表的人员]的规定任命为其代表的人员。雇主代表将被认为具有雇主根据合同规定的全部权力，涉[由雇主终止]规定的权利除外。

雇主或雇主代表可随时对一些助手指派和托付一定的任务和权力，也可撤消这些指派和付托。这些助手可包括驻地工程师和(或)担任检验、和(或)试验各项生产设备和(或)材料的独立检查员。以上指派、付托或撤销，在承包商收到抄件后生效。这些助手应具有适当的资质、履行其任务和权利的能力，并能流利地使用[法律和语言]规定的交流语言。

Engineering[E]工程设计：指依照工程建设项目所在地区的技术、经济、环境条件和国家有关法律、法规，运用工程技术，将顾客对拟建工程的要求，转化为工程设计文件的服务过程。

Engineering News-Record[ENR]《工程新闻记录》：创刊于 1876 年。其举办的“225 家全球最大承包商”、“225 家最大国际承包商”以及“150 家全球最大设计企业”、“200 家最大国际设计企业”排名，在全球建筑业界颇具影响力。

Enterprise Resource Plan[ERP]企业资源计划：由美国计算机咨询和评估集团 GartnerGroup 公司于 1990 年提出的一种供应链的管理思想。企业资源计划是指建立在信息技术基础上，以系统化的管理思想，为企业决策层及员工提供决策运行手段的管理平台。

Execution 执行力：指贯彻战略意图，完成预定目标的操作能力。它是企业竞争力的核心，是把企业战略、规划转化成为效益、成果的关键。执行力同样需要有知识和资源的支持。

F

Fédération lnternationale Des lngénieurs Conseils(法语)/International Federation of Consulting

Engineers(英语)[FIDIC]国际咨询工程师联合会：于 1913 年在英国成立。第二次世界大战结束后 FIDIC 发展迅速起来。至今已有 60 多个国家和地区成为其会员。中国于 1996 年正式加入。

FIDIC 是国际上最有权威的被世界银行认可的咨询工程师组织。主要职能机构有：执行委员会(TEC)、土木工程合同委员会(CECC)、业主与咨询工程师关系委员会(CCRC)、职业责任委员会(PLC)和秘书处。

Front-End-Engineering-Design[FEED]前端工程设计：是指在工程设计之前，按照工艺包技术，进行的前期工程化设计。

H

Hazards and Operability Analysis/Study[HAZOP]为危险和可操作性分析/研究：是以系统工程为基础的一种可用于定性分析或定量评价的危险性评价方法，用于探明生产装置和工艺过程中的危险及其原因，寻求必要对策。通过分析生产运行过程中工艺状态参数的变动，操作控制中可能出现的偏差，以及这些变动与偏差对系统的影响及可能导致的后果，找出出现变动可偏差的原因，明确装置或系统内及生产过程中存在的主要危险、危害因素，并针对变动与偏差的后果提出应采取的措施。

Health，Safety & Environment[HSE]健康、安全和环境：有时也称 HSSE(Health，Safety，Security & Environment)职业健康(Occupational health)、安全和环境的统称。

I

Inspection and Test Plan[ITP]检验和试验计划：在设备制造和工程施工之前，根据制造和施工的工序和节点，需要遵照设计文件的规定，计划安排的各种检验控制点。一般以表格形式列出需要检验的项目，控制点等级，列出检验和验收标准等。

International Organization for Standardization[ISO]国际标准化组织：ISO 是一个国际标准化组织，其成员由来自世界上 100 多个国家的国家标准化团体组成，代表中国参加 ISO 的国家机构是国家质量监督检验检疫总局。ISO 与国际电工委员会(IEC)有密切的联系。ISO 和 IEC 作为一个整体担负着制订全球协商一致的国际标准的任务，ISO 和 IEC 都是非政府机构，它们制订的标准实质上是自愿性的，这就意味着这些标准必须是优秀的标准，它们会给工业和服务业带来收益，所以他们自觉使用这些标准。

International Standard 国际标准：具有以下两个定义：

定义 1：由国际标准化/标准组织(international standardizing/standards organization)通过的并公开发布的标准。(ISO/IEC Guide 2：2004，definition 3. 2. 1. 1)

定义 2：由国际标准化组织 ISO 或 IEC 发布的标准。(international standard where the international standards organization is ISO or IEC，ISO/IEC Directives，Part 2，2004，definition 3. 3])

Invitation to Bid[ITB]投标邀请书：是招标人发出的邀请投标文件，包括招标人和标的物的介绍，标的物的要求和对投标人的要求、评标原则等。ITB 文件可以应用于所有形式产品作为标的物的招标，包括硬件产品，软件、流程性材料、服务等产品的招标。工程作为一个集硬件、软件、服务、甚至也包括流程性材料在内的一个集成性产品，在招投标阶段，一般适用 ITB。

ISO 9000 Family　ISO 9000 族标准：是由 ISO/TC 176 技术委员会制定的所有国际标准。它不是指一个标准，而是一族标准的统称。

L

Leadership 领导力：通常指积极影响或引领变化，采取行动，对满足要求的过程进行策划、引导和监督，带头实现目标的能力；是一种创造和谐环境以利于发挥团队作用，保障相关方权益的能力；是一种有关前瞻与规划、沟通与协调、真诚与均衡的艺术；领导力需要有知识和资源的支持。

Lump Sum Turnkey[LSTK]交钥匙工程：一般指闭口价合同的项目工程。工作范围可以从前期开始，也可以从工程建设的其他阶段开始，到具备开车生产条件。

M

Material Requisition[MR]材料请购文件：全称为设备/材料技术请购文件(Technical Requisition for Equipment/Material)。是规定拟采购的设备和材料的技术性能、数量、分类、制造/检验要求、服务和文件等要求的文件，其中也包括对设备/材料供应商的要求，评标原则等。是招标和/或采购文件的组成部分。MR 一般不适用服务产品的采购。

Mechanical Completion[MR]机械竣工或机械完工：指工程已实现合同规定的阶段目标，即合同所含的工艺装置和界外辅助设施的施工工程已全部完工，管道系统和设备的内部处理、电气和仪表调试及单机试车合格。

Method Statement[MS]方案：是现场工作具体实施的方法和步骤说明。

N

National Standard 国家标准：指由国家标准机构通过的并公开发布的标准。

No-Destroyed Test/Examination[NDT/NDE]无损检测：指不破坏制成品的检测。一般无损检测方法有 RT(射线检测)、UT(超声波检测)、PT(表面着色检测)、MT(磁粉检测)、PT(灵敏度检测)、ST(光谱检测)、HT(硬度检测)、TT(厚度检测)等。

Non-Conformity of Product 不合格品：指在生产或施工过程中不符合要求的产品。

Non-Conformity 不符合项：管理或生产中不符合要求的活动。

Nonconformity Report/Non-Conformity Report[NCR]合格报告或不符合报告：为描述不合格(不符合)情况的报告。一般是质量保证/控制人员/检验员审核和检查发现的输出，也可以是工作过程中偶然发现的输出。通常导致纠正、纠正措施或必要的预防措施。

Notice of Completion[NOC Book]完工通知资料：指在现场施工和尾项结束后，整理的系统或者分系统的交工资料，一般含有完工通知(告知业主该系统或者分系统工作已经结束，请业主确认)、图纸(按现场建造的图纸，即 as built)、NCR 清单、偏离的清单、相关的 QVD 等等。

O

Out of People's Republic of China 境外：指中华人民共和国领域以外或者领域以内中华人民共和国政府尚未实施行政管辖的地域。

Owner 业主：指拥有目标财产所有权和支配权的个人或团体。

P

Piping and Instrumentation Diagram[P&ID]管道及仪表流程图：借助统一规定的图形符号和文字代号，用图示的方法把建立化工工艺装置所需的全部设备、仪表、管道、阀门及主要管件，按其各自功能以及工艺要求组合起来，以起到描述工艺装置的结构和功能的作用。

Plan 计划：是实现目标的行动方案。

Positive Material Indication[PMI]材料可靠性鉴定：目的在于鉴定金属材料元素组成和含量。主要的金属材料可靠性鉴定方法有化学分析、重量分析、光谱分析、容量分析、火花鉴别等。光谱分析法是工程中常用的方法。

Post Welded Heat Treatment[PWHT]焊后热处理：是现场较为常用的一种施工方法，目的在于松弛焊接残余应力，稳定结构的形状和尺寸、减少畸变，改善母材、焊接接头的性能，降低热影响区硬度，提高抗应力腐蚀的能力。能进一步释放焊缝金属中的有害气体，尤其是氢，防止延迟裂纹的发生。

Pre-Commissioning/Commissioning 预试车/试车：从机械竣工(中间交接)至用户验收期间，对合同项目所含的工艺生产装置、辅助生产装置、公用工程系统和界外设施的试车准备、核查、调试、吹扫、试运转、模拟试车、投料试车、性能考核以及签发用户验收证书等项活动的总称。

Procedure Qualification Record[PQR]焊接工艺评定：是对某种焊接工艺变量数据的记录，是 WPS 编制的依据。

Process Design Package[PDP]工艺包：是成套装置含工艺专利的技术文件，一般由专利商提供。

Procurement[P]采购：指以合同方式有偿取得货物、工程和服务的活动，包括购买、租赁、委托、雇用等。

Project 项目：为完成某一独特产品或服务所做的一次性努力。

Project Management[PM]项目管理：是在项目连续过程中对项目的各方面进行策划、组织、检测和控制，把知识、技能、工具和技术应用于项目活动中，以达到项目目标的全部活动。

Project Management Contract[PMC]项目管理承包：指业主在项目建设过程中，选择一家项目管理承包商，与之签订项目管理承包合同。该承包商根据合同，代表业主在项目早期策划，项目定义项目融资安排及工程设计、采购、施工和试运行等阶段，对工程质量、进度和费用进行全面管理，从而确保项目目标的实现。

Project Management Team/Integrated Management Team/Integrated Project Management Team[PMT/IMT/IPMT]项目管理团队/联合项目管理团队/一体化联合项目管理团队：是由业主、业主代表或业主委托的项目管理承包商一方或多方组成的项目管理团队。由两方或多方联合组成共同进行项目管理工作组成的团队，通常被称为联合项目管理团队。

Project Quality management System 工程项目质量管理体系：是指建立工程项目质量方针和质量目标并实现这些目标的体系，主要内容为：工程项目质量策划、质量控制和质量保证。通过实施一个适宜的质量管理体系，项目组织可以提高其项目实施过程的能力和可靠性，并持续改进，达到使业主满意的程度。

Punch List 剩余工作清单：检查后需要限时完成的条目清单。

Q

Quality Verified Document[QVD]质量见证资料：通常以表格的形式体现每步检查点的检查记录，并在施工过程中作为 ITP 文件的一部分提交给业主批复。

R

Regional Standard 区域标准：指由区域标准化/标准组织通过的并公开发布的标准。

Risk 风险：指一旦发生，就会对项目目标产生积极或消极影响的不确定事件或条件。

S

Safety Integrity Level[SIL]安全完整性等级：为一组离散型参数，是机能安全的一部分。定义为由于安全机能所降低风险的相对水平，或是风险降低后，风险的相对水平。具体定义为衡量安全仪表功能所必须具备的安全完整性等级的非连续量，用 SIL1、SIL2、SIL3、SIL4 进行表示。SIL4 为安全完整性水平的最高等级，SIL1 为最低等级。

Service 服务：指为满足特定组织或个人的某种需求，依靠知识、智力、体力，以语言、文字的传递、劳动的提供等为实施表现的、不生产实物成品的活动。

Site 现场：系指将实施永久工程和运送生产设备与材料到达的地点，以及合同中可能指定为现场组成部分的任何其他场所。

Site Surveillance Report[SSR]现场监督报告：为描述施工过程中产品存在潜在的不合格的报告。由质量保证/控制人员/检验员发现和发出。SSR 将导致预防措施以避免不合格的产生。

Site Technical Query[STQ]现场技术询问和请求：即现场的 TQ。一般由施工单位提出，内容关系到设计文件和采购材料等。

Subcontractor 分包商：系指为完成部分工程，在合同中指名为分包商、或被任命为分包商的任何人员，以及这些人员财产所有权的合法继承人。

Supply/Vendor 供应商：提供货物或服务的组织。

T

Test Run 单机试车：指现场安装的驱动装置空负荷运转或单台机器、机组以水、空气等为介质进行的负荷试车，以检验其除受介质影响外的机械性能和制造、安装质量。

TBE(Technical Bid Evaluation)技术标评估：是针对设备/材料供应商或分包商技术投标文件的评估文件，用于评价该供应商或分包商是否有技术能力满足要求。

Technical Committee of Quality management and Assurance[ISO TC176]质量管理和质量保证技术委员会：是 ISO 的技术委员会之一。是 ISO 负责指定有关质量管理和质量保证国际标准的技术委员会。

Technical Query[TQ]技术询问和请求：指在工作开始前，当前工作人员对收到的作为工作输入的技术文件或实物情况提出的质询。通常在该技术文件或实物情况存在矛盾及不足影响后续工作顺利开展时提出，一般同时带有处置建议请求。

Total Quality Management[TQM]全面质量管理：最先是 20 世纪 60 年代初由美国的著名专家菲根堡姆提出。是在传统的质量管理基础上，随着科学技术的发展和经营管理上的需要发展起来的现代化质量管理，是一门系统性很强的科学。企业的全面质量管理，是指企业中所有部门，所有组织，所有人员都以产品质量为核心，把专业技术，管理技术，数理统计技术集合在一起，建立起一套科学严密高效的质量保证体系，控制生产过程中影响质量的因素，以优质的工作最经济的办法提供满足用户需要的产品的全部活动。

W

Waiver 放弃：指由于已知的理由或特权，自发地对要求的放弃。未经批准的放弃将导致不合格。

Waiver Request[WR]放弃请求：是描述放弃并请求批准的文件。

Walk Down 三查四定：通常由业主、承包商和分包商联合对系统或者分系统交工前现场的检查，并且开出一些尾项，这些尾项结束后业主才能接受系统或者分系统。

Welding Procedure Specification[WPS]焊接工艺规程：是对焊接变量的范围的描述，指导和控制焊接作业手册

Works 工程：系指永久工程和临时工程，或视情况指二者之一。

3 常用缩写列表

序号	缩　写	描　述
1	AFI/RFI/IR	检查申请
2	AWS	美国焊接协会
3	BED	基础工艺设计
4	C	施工
5	COQ	质量成本
6	DED	详细工程设计
7	DR	偏离请求
8	E	工程设计
9	EPC/EP/EC/PC	工程总承包
10	ERP	企业资源计划
11	FEED	前端工程设计
12	FIDIC	国际咨询工程师联合会
13	HAZOP	危险和可操作性分析/研究
14	HSE	健康、安全和环境
15	ISO	国际标准化组织
16	ITB	投标邀请书
17	ITP	检验和试验计划
18	LSTK	交钥匙工程
19	MC	机械完工
20	MR	材料请购文件

续表

序号	缩　写	描　述
21	MS	方案
22	NCR	不合格报告/不符合报告
23	NDT/NDE	无损检测
24	NOC Book	完工通知资料
25	P	采购
26	PDP	工艺包
27	PM	项目管理
28	PMC	项目管理承包
29	PMI	材料可靠性鉴定
30	PMT/IMT/IPMT	项目管理团队/联合项目管理团队
31	PQR	焊接工艺评定
32	PWHT	焊后热处理
33	P&ID	管道及仪表流程图
34	QVD	质量见证资料
35	SIL	安全完整性等级
36	SSR	现场监督报告
37	STQ	现场技术询问和请求
38	TBE	技术标评估
39	TQ	技术询问和请求
40	TQM	全面质量管理
41	WPS	焊接工艺评定作业指导书
42	WR	放弃请求

附件 2　FIDIC 银皮书部分有关质量的条款摘录

FIDIC 银皮书共 20 个大条款，逻辑缜密、结构严谨、互相关联，对任何一个条款，都不能孤立地看待和理解。本书鉴于篇幅有限，摘录部分条款原文，提示部分条款标题。未提示或从略的条款，需要时应查阅原文。

“条款 1 一般规定”是整体综合叙述，本书除摘录“1.13 遵守法律”外，其余从略，需要时都应关注原文；提示但从略的有关质量条款还有，“条款 9 竣工试验”、“条款 10 雇主的接收”、“条款 11 缺陷责任”、“条款 12 竣工后试验等”。

1　一般规定

1.13　遵守法律

承包商在履行合同期间，应遵守适用法律。除非专用条件中另有规定：

■ 雇主应已(或将)为永久工程取得规划、区域划定、或类似的许可，以及在雇主要求中所述的雇主已(或将)取得的任何其他许可；雇主应保障并保持使承包商免受因未能完成上述工作带来的伤害；

■ 承包商应发出所有通知，缴纳各项税费，按照法律关于工程设计、实施和竣工、以及修补任何缺陷等方面的要求，办理并领取所需要的全部许可、执照或批准；承包商应保障并保持使雇主免受因未能完成上述工作带来的伤害。

4.9　质量保证

a）承包商应建立质量保证体系，以证实符合合同要求。该体系应符合合同的详细规定。雇主有权对体系的任何方面进行审查。

b）承包商应在每一设计和实施阶段开始前，向雇主提交所有程序和如何贯彻。

c）要求的文件的细节，供其参考。向雇主发送任何技术性文件时，文件本身应有经承包商本人事先批准的明显证据。

d）遵守质量保证体系，不应解除合同规定的承包商的任何任务、义务和职责。

4.1　承包商的一般义务

承包商应按照合同设计、实施和完成工程，并修补工程中的任何缺陷。完成后，工程应能满足合同规定的工程预期目的。

承包商应提供合同规定的生产设备和承包商文件，以及设计、施工、竣工和修补缺陷所需的所有临时性或永久性的承包商人员、货物、消耗品及其他物品和服务。

工程应包括为满足雇主要求或合同隐含要求的任何工作，以及(合同虽未提及但)为工程的稳定、或完成、或安全和有效运行所需的所有工作。承包商应对所有现场作业、所有施工方法和全部工程的完备性、稳定性和安全性承担责任。

承包商应对所有现场作业、所有施工方法和全部工程的完备性、稳定性和安全性承担责任。

当雇主提出要求时，承包商应提交其建议采用的工程施工安排和方法的细节。事先未通知雇主，对这些安排和方法不得做重要改变。

4.10 现场数据

雇主应在基准日期前，将其取得的现场地下和水文条件及环境方面的所有有关资料，提交给承包商。同样地，雇主在基准日期后得到的所有此类资料，也应提交给承包商。

承包商应负责核实和解释所有此类资料。除第5.1款[设计义务一般要求]提出的情况以外，雇主对这些资料的准确性、充分性和完整性不承担责任。

5.1 设计义务一般要求

承包商应被视为，在基准日期前已仔细审查了雇主要求(包括设计标准和计算，如果有)。承包商应负责工程的设计，并在除下列雇主应负责的部分外，对雇主要求(包括设计标准和计算)的正确性负责。

除下述情况外，雇主不应对原包括在合同内的雇主要求中的任何错误、不准确、或遗漏负责，并不应被认为，对任何数据或资料给出了任何不准确或不完整的表示。承包商从雇主或其他方面收到任何数据或资料，不应解除承包商对设计和工程施工承担的职责。

但是，雇主应对雇主要求中的下列部分，以及由(或代表)雇主提供的下列数据和资料的正确性负责：

(a) 在合同中规定的由雇主负责的、或不可变的部分、数据和资料，

(b) 对工程或其任何部分的预期目的的说明，

(c) 竣工工程的试验和性能的标准，

(d) 除合同另有说明外，承包商不能核实的部分、数据和资料。

5.2 承包商文件

除双方另有协议的范围外，对工程每一部分都应：

(a) 在有关该部分的设计和施工的承包商文件的审核期尚未期满前，不得开工；

(b) 该部分的实施，应按上报审核的承包商文件进行；

(c) 如果承包商希望对已送审的设计或文件进行修改，应立即通知雇主. 然后，承包商应按照前述程序将修改后的文件提交雇主。

(根据前一段的)任何协议，或(根据本款或其他条款的)任何审核，都不应解除承包商的任何义务或职责。

5.3 承包商的承诺

承包商承诺其设计、承包商文件、实施和竣工的工程符合：

(a) 工程所在国的法律，

(b) 经过变更做出更改或修正的构成合同的各项文件。

5.4 技术标准和法规

设计、承包商文件、施工和竣工工程，均应符合工程所在国的技术标准、建筑、施工与环境方面的法律、适用于工程将生产的产品的法律、以及雇主要求中提出的适用于工程、或适用法律规定的其他标准。

所有这些关于工程和其各分项工程的法规，应是在雇主根据第 10 条[雇主的接收]的规定接收工程或分项工程时通行的。除非另有说明，合同中提到的各项已公布标准应视为在基准日期适用的版本。

如果在基准日期后，上述版本有修改或有新的标准生效，承包商应通知雇主，并(如适宜)提交遵守新标准的建议书。如果：

(a) 雇主确定需要遵守，

(b) 遵守新标准的建议书构成一项变更时，

雇主应按照第 13 条[变更和调整]的规定着手做出变更。

5.8 设计错误

如果在承包商文件中发现有错误、遗漏、含糊、不一致、不适当或其他缺陷，尽管根据本条做出了任何同意或批准，承包商仍应自费对这些缺陷和其带来的工程问题进行改正。

6.8 承包商的监督

在设计和工程施工过程中，以及其后雇主认为为了完成承包商的义务所需要的期间内，承包商应对工作的规划、安排、指导、管理、检验和试验，提供一切必要的监督。

此类监督应由足够的人员执行，他们应具有交流所有语言(第 1.4 款[法律和语言]所规定的)、以及合乎要求地、安全地实施工程各项作业所需的足够的知识(包括需要的方法和技术、可能遇到的危险和预防事故的方法)。

6.9 承包商人员

承包商人员都应是在他们各自行业或职业内，具有相应资质、技能和经验的人员。雇主可要求承包商撤换(或促使撤换)受雇于现场或工程的、有下列行为的任何人员，适当时也包括承包商代表：

(a) 经常行为不当，或工作漫不经心；

(b) 无能力履行义务或玩忽职守；

(c) 不遵守合同的任何规定；或

(d) 坚持有损安全、健康，或有损环境保护的行为。

如果适宜，承包商随后应指派(或促使指派)合适的替代人员。

7.2 样品

承包商应根据合同规定，按照第 5.2 款[承包商文件]中所述的对承包商文件的送审程序，自费向雇主提交样品，供其审核。每件样品应标明其原产地、及其在工程中预期的用处。

7.3 检验

雇主人员应在所有合理的时间内：

（a）有充分机会进入现场的所有部分、以及获得天然材料的所有地点；

（b）有权在加工、生产和施工期间（在现场和其他合同规定的范围），对材料和工艺进行检查、检验、测量和试验，并对生产设备的制造和材料的加工生产进度进行检查。

承包商应向雇主人员进行上述活动提供一切机会，包括提供进入条件、设施、许可和安全装备。此类活动不应解除承包商的任何义务和职责。

对于雇主人员有权检查、检验、测量和（或）试验的工作，每当任何此类工作已经准备好，在覆盖、掩蔽、包装以便储存或运输前，承包商应通知雇主。这时，雇主应及时进行检查、检验、测量和试验，不得无故拖延，或者立即通知承包商无需进行这些工作。如果承包商没有发出此类通知，而当雇主提出要求时，承包商应除去物件上的覆盖，并在随后恢复完好，所需费用由承包商承担。

7.4 试验

本款适用于竣工后试验（如果有）以外的合同规定的所有试验。

为有效进行规定的试验，承包商应提供所需的所有仪器、帮助、文件和其他资料、电力、装备、燃料、消耗品、工具、劳力、材料，以及具有适当资质和经验的人员，对任何生产设备、材料和工程其他部分进行规定的试验，其时间和地点，应由承包商和雇主商定。

根据第13条[变更和调整]的规定，雇主可以改变进行规定试验的位置或细节，或指示承包商进行附加的试验。如果这些变更或附加的试验表明，经过试验的生产设备、材料、或工艺不符合合同的要求，不管合同有何其他规定，承包商应负担进行本项变更的费用。

雇主应至少提前24小时将参加试验的意图通知承包商。如果雇主没有在商定的时间和地点参加试验，除非雇主另有指示，承包商可以自行进行试验，这些试验应被视为是在雇主在场情况下进行的。

如果由于服从这些指示，或因雇主应负责的延误的结果，使承包商遭受延误和（或）招致费用，承包商应向雇主发出通知，并有权根据第20.1款[承包商的索赔]的规定提出：

（a）根据第8.4款[竣工时间的延长]的规定，如果竣工已或将受到延误，对任何此类延误给予延长期；

（b）任何上述费用加合理利润应加入合同价格，给予支付。

雇主在收到此通知后，应按照第3.5款[确定]的要求对此类事项进行商定或确定。

承包商应立即向雇主提交充分证实的试验报告。当规定的试验通过时，雇主应在承包商的试验证书上签字认可，或向承包商颁发等效的证书。如果雇主未参加试验，他应被视为已经认可试验示数是准确的。

7.5 拒收

如果检查、检验、测量或试验结果，发现任何生产设备、材料、设计或工艺有缺陷，或不符合合同要求，雇主可通过向承包商发出通知，并说明理由，拒收该生产设备、材料、设计或工艺。承包商应立即修复缺陷，并保证上述被拒收的项目符合合同的规定。

如果雇主要求对上述生产设备、材料、设计或工艺再次进行试验，这些试验应按相同的条款和条件重新进行。如果此项拒收和再次试验使雇主增加了费用，承包商应遵照第 2.5 款[雇主的索赔]的规定，将该费用付给雇主。

7.6 修补工作

尽管已有先前的任何试验或证书，雇主仍可指示承包商进行以下工作：

（a）将不符合合同要求的任何生产设备或材料移出现场，并进行更换；

（b）去除不符合合同的任何其他工作，并重新实施；

（c）实施因意外、不可预见的事件或其他原因引起的、为工程的安全迫切需要的任何工作。

如果承包商未能服从任何此类符合第 3.4 款[指示]要求的指示，雇主应有权雇用并付款给他人从事该工作。除承包商原有权从该工作所得付款的范围外，承包商应遵照第 2.5 款[雇主的索赔]的规定，向雇主支付因他未履行指示而使雇主支付的所有费用。

7.7 生产设备和材料的所有权

从下列二者中较早的时间起，在符合工程所在国法律规定范围内，每项生产设备和材料都应无扣押和其他阻碍的成为雇主的财产。

（a）当上述生产设备、材料运至现场时；

（b）当根据第 8.10 款[暂停时对生产设备和材料的支付]的规定，承包商有权得到按生产设备和材料价值的付款时。

9 竣工试验

略。

10 雇主的接收

略。

11 缺陷责任

略。

12 竣工后试验

略。

13.1 变更权

在颁发工程接收证书前的任何时间，雇主可通过发布指示或要求承包商提交建议书的方式，提出变更。变更不应包括准备交他人进行的任何工作的删减。

承包商应遵守并执行每项变更。除非承包商及时向雇主发出通知，说明（附详细根据）：

(ⅰ)承包商难以取得所需要的货物；(ⅱ)变更将降低工程的安全性或适用性；或(ⅲ)将对履约保证的完成产生不利的影响。雇主接到此类通知后，应取消、确认、或改变原指示。

13.2 价值工程

略。

13.3 变更程序

如果雇主在发出变更指示前要求承包商提出一份建议书，承包商应尽快做出书面回应，或提出他不能照办的理由(如果情况如此)，或提交：

(a) 对建议的设计和(或)要完成的工作的说明，以及实施的进度计划；

(b) 根据的8.3款[进度计划]和竣工时间的要求，承包商对进度计划做出必要修改的建议书；

(c) 承包商对调整合同价格的建议书。

雇主收到此类(根据的13.2款[价值工程]的规定或其他规定)提出的建议书后，应尽快给予批准、不批准、或提出意见的回复。在等待答复期间，承包商不应延误任何工作。

应由雇主向承包商发出执行每项变更并附做好各项费用记录的任何要求的指示，承包商应确认收到该指示。

为指示或批准一项变更，雇主应按照的3.5款[确定]的要求，商定或确定对合同价格和付款计划表的调整。这些调整应包括合理的利润，如果适用，并应考虑承包商根据第13.2款[价值工程]提交的建议。

13.7 因法律改变的调整

当基准日期后，工程所在国的法律有改变(包括施用新的法律，废除或修改现有法律)，或对此类法律的司法或政府解释有改变，对承包商履行合同规定的义务产生影响时，合同价格应考虑由上述改变造成的任何费用增减，进行调整。

如果由于这些基准日期后做出的法律或此类解释的改变，使承包商已(或将)遭受延误和(或)已(或将)招致增加费用，承包商应向雇主发出通知，并应有权根据第20.1款[承包商的索赔]的规定提出：

(a) 根据第8.4款[竣工时间的延长]的规定，如果竣工已(或)将受到延误，对任何此类延误给予延长期；

(b) 任何此类费用应加入合同价格，给予支付。

雇主收到此类通知后，应按照第3.5款[确定]的要求，对这些事项进行商定或确定。

附件3 炼化工程常用国际化标准出版机构一览表

序号	出版机构缩写	出版机构全称
1	API	美国石油学会 American Petroleum Institute
2	ASME	美国机械工程师学会 American Society of Mechanical Engineers
3	ASSE	美国卫生工程学会 American Society of Sanitary Engineering
4	ASHRAE	美国采暖、制冷与空调工程师学会 American Society of Heating, Refrigerating and Air-Conditioning Engineers
5	ACGIH	美国政府工业卫生学家会议 American Conference of Government Industrial Hygienists
6	AISC	美国钢结构设计协会 American Institute of Steel Construction
7	ANSI	美国国家标准学会 American National Standard Institute
8	ACI	美国混凝土协会 American Concrete Institute
9	AIHA	美国工业卫生协会 American Industrial Hygiene Association
10	ASTM	美国材料测试协会 American Society for Testing and Materials
11	ASCE	美国土木工程师学会 American Society of Civil Engineers
12	ASNT	美国无损检测学会 American Society for Nondestructive Testing
13	AWS	美国焊接学会 American Welding Society
14	AASHTO	美国国家高速公路和交通运输协会 American Association of State Highway and Transportation Officials
15	AI	美国沥青协会 Asphalt Institute, U. S. A.
16	ACPA	美国混凝土铺面学会 American Concrete Pavement Association
17	AWWA	美国水行业协会 American Water Works Association
18	BS	英国国家标准 British Standard
19	DIN	德国工业标准 Deutsches Institut für Normung
20	FA	联邦技术规范执行委员会 Federal Specification of U. S. A.
21	GA	美国石膏协会 Gypsum Association
22	GOST	全苏国家标准 Государственный общесоюзный стандарт（ГОСТ）
23	ICBO	国际建筑官员会议 International Conference Of Building Officials
24	ICC	国际商会 International Code Council
25	ISA	美国仪表协会 Instrument Society of America
26	IEEE	国际电工协会 Institute of Electrical And Electronics Engineers
27	IEC	国际电工委员会 International Electrotechnical Commission
28	IESNA	北美照明学会 Illuminating Engineering Society of North America
29	IRI	美国工业保险组织 Industrial Risk Insurance
30	MLL	美国军用标准 U. S. Military Specifications
31	MEPA	沙特阿拉伯王国气象环境保护署 Meteorology Environmental Protection Agency, K. S. A.

续表

序号	出版机构缩写	出版机构全称
32	MSS	美国阀门及配件工业制造商标准化协会 Manufacturers Standardization Society of the Valve and Fitting Industry
33	NRCA	美国屋面工程协会 National Roofing Contractors Association
34	NEMA	美国电气制造商协会 National Electrical Manufacturers Association
35	NACE	美国腐蚀工程师协会 National Association of Corrosion Engineers
36	NFPA	美国消防协会 National Fire Protection Association
37	NRC	美国监管委员会 U. S. Regulatory Commission
38	OSHA	美国职业安全与健康管理局 Occupational Safety and Health Administration
39	PCA	波特兰水泥协会 Portland Cement Association
40	PDI	水管排水学院 Plumbing and Drainage Institute
41	PIP	实用流程工业协会 Process Industry Practices：
42	SASO	沙特阿拉伯标准组织 Saudi Arabian Standards Organization
43	TEMA	管式换热器制造商协会 Standards of Tubular Exchangers Manufacturers Association
44	EN	欧洲标准 European Standard
45	UL	美国保险商实验室 Underwriters Laboratories，Inc
46	WRC	美国焊接研究学会 Welding Research Council

附件 4　供应商预审调查表示例

SUPPLIER CAPABILITY QUESTIONNAIRE

SUPPLIER DETAILS

Name ______

Address ______ Phone ______

______ Fax ______

______ Email ______

SCOPE OF SUPPLY

* Manufacturer/Fabricator	* Distributor/Stockist	* Designer/Detailer
□	□	□
* Contractor-Construction	* Equipment Supply	* Other
□	□	□

Description of Product or Service Supplied/ Agents for：

ORGANISATION：(PLEASE SUPPLY NAMES)

Managing Director		Finance	
Sales		Quality	
Design / Engineer		Personnel	
Planning		Ind. Relations	
Procurement		Safety	
Production		Accounts	

Please attach copy of Organisation Chart　-Attached　Yes □　No□

ASSESSMENT DETAILS-contractor only

Assessment Date		Previous Assessment	
Organisation/Personnel	OK/AR *	Quality(Rec. Insp. Level………)	OK/AR *
Facilities/technical	OK/AR * /NA	Safety	OK/AR * /NA
Finance/Insurance	OK/AR *	Industrial Relations	OK/AR * /NA

Comments (* Action Required)

Assessment by	Reviewed by	Date
Name	Signature	

SAFETY

Safety Policy and Procedures Established   Yes ☐   No ☐

Safety Statistics (Last 2 Years)

Lost Time Injury Frequency (per 200, 000 manhours)	Current Year		Last Year	
Medical Treatment Frequency (per 200, 000 manhours)	Current Year		Last Year	

LIST MAJOR PRODUCTION/CONSTRUCTION EQUIPMENT

Type Of Equipment Machines	Quantity	Capacity	Insta lled

LIFTING EQUIPMENT, CRANES & SPECIAL EQUIPMENT

Type	Quantity	Capacity	Hook Height	Bay Size

MAIN BUSINESS SYSTEMS CURRENTLY IN USE

Type	Program/Package	Application

MANAGEMENT SYSTEMS

DOCUMENTED QUALITY SYSTEM YES ☐ NO ☐

DOCUMENTED SAFETY SYSTEM YES ☐ NO ☐

DOCUMENTED ENVIRONMENTAL SYSTEM YES ☐ NO ☐

If Yes Provide Details Of

STANDARD APPLICABLE eg: ISO9001: 2000, etc (give details)

Certification By

(Please attach copy of certificate)________________________Date Certified____________

Other Customer (Second Party) Approvals

How Are Management Practices Documented?

Safety Manual	Yes ☐	No ☐	Environmental Manual	Yes ☐	No ☐
Quality Manual	Yes ☐	No ☐	Quality Plans	Yes ☐	No ☐
Procedure Manual	Yes ☐	No ☐	Inspection and Test Plans	Yes ☐	No ☐
Work Instructions	Yes ☐	No ☐	Job/Route Cards	Yes ☐	No ☐
Job Safety Analysis	Yes ☐	No ☐			

Description of system

IF NO DOES THE COMPANY HAVE (OR INTEND TO PREPARE) AN IMPLEMENTATION PLAN, WHICH ADDRESSES SHORTCOMINGS IN CURRENT PRACTICES?

Yes ☐ No ☐

Please give brief details

PAST PERFORMANCE

List Recent Contract/Orders Completed (last two years)

Customer	Project	Description	Value	Date

Customer Reference Supplied? Yes ☐ No ☐

Suppliers Reference Supplied? Yes ☐ No ☐

Other Current Project Commitments

Details Of Proposed Suppliers/Subcontractors

Access For Inspection, Expediting, Planning, Auditing ByCONTRACTOR, Their Representatives And Customers Is Required. Supplier To List Any Objections.

SUPPLIER QUALITYSHOP SURVEY

1.0 Company Information

Company Name: Email Address:

Mailing Address:

City: State: Country:

Telephone: Fax:

☐ Proprietorship ☐ Partnership ☐ Corporation

Subsidiary or Branch of a Parent Company? ☐ Yes ☐ No

If Yes, give location and details:

2.0 Management (List Applicable Names)

President:

Executive Vice President:

General Manager:

Sales Manager:

Purchasing Manager:

Expediting Manager:

Production Manager:

Traffic Manager:

Chief Expediter:

General Plant Superintendent:

Quality Assurance Manager:

3.0 Employees

Total Number of Employees at This Facility:

Office: Engineering: Production:

Supervisory (Production):

Union Affiliation & Number:

Contract Expires: Total Union Personnel:

4.0 Quality System

4.1 Are the following inspection functions implemented and documented?

Receiving Inspection	☐ Yes	☐ No
Material Identification/Marking	☐ Yes	☐ No
Nonconforming Material Control and Disposition	☐ Yes	☐ No
Code and/or Customer Inspection	☐ Yes	☐ No
Process/Procedure Control	☐ Yes	☐ No
Calibration of Measurement and Testing Equipment and Tools	☐ Yes	☐ No
Drawings and Specification Control	☐ Yes	☐ No
NDE Requirements and Results	☐ Yes	☐ No
Quality Review of Procurement Documents to Assure Quality Requirements are Included	☐ Yes	☐ No

4.2 Are the following points covered by written procedures?

Engineering/Design	☐ Yes	☐ No
Procurement/Purchasing	☐ Yes	☐ No
Drawings	☐ Yes	☐ No
Procedures (Hi pot testing, Welding, etc.)	☐ Yes	☐ No
Inspection and Testing	☐ Yes	☐ No
Calibration	☐ Yes	☐ No
Nonconforming Materials and Equipment	☐ Yes	☐ No
Material Control	☐ Yes	☐ No
Auditing of Systems	☐ Yes	☐ No
Corrective Action	☐ Yes	☐ No

4.3 Is the quality system documented?

Are records readily retrievable?	☐ Yes	☐ No
Are records/reports complete (i.e.) Signed, Dated, AND LEGIBLE?	☐ Yes	☐ No
Are all records, reports, and documentation called for by the quality system accounted for?	☐ Yes	☐ No
Are records traceable to material/equipment?	☐ Yes	☐ No
Does a material assembly, test and inspection shop traveler ticket accompany parts through fabrication?	☐ Yes	☐ No

5.0 Production Information

Describe Product(s) Produced:

Primary:

Secondary:

5.1 List prominent customers over the past year

Name	Dollar Value	Type of Work

5.2 Types of work that is subcontracted (Check all boxes that are applicable)

☐ Engineering	☐ Design detailing, etc.
☐ Machining	☐ Heat Treatment
☐ Blasting/Surface Preparation	☐ Painting/Coating
☐ Other:	☐ Other:

5.3 Provide list of current sub-vendors used: (Attachment as letter, list, sales brochure if acceptable)

5.4 List largest items fabricated to date: (In the past 2 years)

5.5 Average monthly production: (Over the past 2 years)

5.6 What is the current shop workload?

5.7 Percentage of shop capacity needed for proposed KPI work:

5.8 Manufacturing Codes

Check all regulatory codes the manufacturer is certified or manufactures/fabricates to: (Attach copies of all applicable code certifications)	
☐ ANSI	List specific standards:
☐ ASME	List applicable Sections:
☐ AWS	List specific standards:
☐ NEC	
☐ NEMA	
☐ NFPA	
☐ UL	
☐ Other:	Specify all

6.0 Engineering Capabilities (Number of personnel)

Graduate Engineers:		
Mechanical:	Electrical:	Chemical:
Other:	Draftsmen:	Estimators:

Can total product design and fabrication drawings be prepared by the company staff if given performance data? ☐ Yes ☐ No

If No, Explain:

Is the engineering department adequately staffed to satisfy maximum production capabilities of the shop? ☐ Yes ☐ No

If No, Explain:

What type of design tools does the engineering department utilize?

☐ 2d cad ☐ 3d cad ☐ pds ☐ pdms ☐ other (List):

7.0 General Facility and Shipping Information

Floor Space (sq. ft. approx):	General Office Space:
Engineering:	Production Shop:
Inside Storage:	Yard Storage:
Shipping/Receiving:	Total under roof:
List Number of Cranes & Hoists and their capacity:	
What is the maximum mobil equipment available for heavy lifts?	

What is the width and height of largest shop door?	
Does the shop contain a rail spur?	☐ Yes ☐ No
List name(s) and proximity to the following transit conveniences:	
Nearest Rail Siding:	Nearest Barge Facility:
Nearest Air Terminal:	Nearest Trucking Co.
Can the company perform its own export packing, if required? ☐ Yes ☐ No	
If no, how can it be supplied?	

7.1 Plant Equipment, Welding Equipment, Processes and Personnel

Welding Machines (total):	GTAW Machines:	GMAW Machines:
SAW machines:	SMAW Machines:	Orbital Machines:
Plasma Arc Cutters:	Plate Shears:	Beveling Equipment:
Drills:	Type:	
Saws:	Maximum size permitted in single cut:	
Sand Blasting Facilities: ☐ Yes ☐ No	Painting Facilities: ☐ Yes ☐ No	
Heat Treatment Facilities: ☐ Yes ☐ No	If yes, provide dimensions:	

8.0 Quality Control and NDE

Total Personnel QC & NDE Personnel:	Specialists (technicians):
Supervisors:	Floor Inspectors:
NDE Level III ☐ Yes ☐ No	Number of Level II: rt mt PT
Other (specify):	Is NDE Subcontracted? ☐ Yes ☐ No
Name of Subcontract NDE Company:	

9.0 Results, Opinions and Recommendations:

☐ Recommended without conditions		☐ Recommended with Conditions (Explain)	
☐ Not Recommended (Explain)			
Other:			
Comments:			
Name of inspector conducting survey:		Date of Survey:	

10 QA/QC Site Visit

11 SAFETY OBSERVATION POINTS

As a QA/QC Professional, you have a specific task to accomplish on your visits to a vendors' or subcontractors' place of business. The safety observations are a secondary task but are important. We realize that you may not have experience as a Safety Representative but you probably have a significant level of knowledge of safety issues. In order to give yourself the best opportunity to make your safety observations we recommend that you proceed with your visit as though your primary task is your only concern. This will give you the opportunity to become comfortable with your host and your surroundings. You will be storing safety related information in the back of your memory as you progress through your walkthrough. You will be able to recall this information later when you have completed your primary task and turn your attention to safety observations. Recognize the fact that your attention can be drawn away from safety to quality issues very easily if you do not commit to concentrating on safety for a few minutes. Use the questions below to organize your thought process and proceed. Ask questions of your host and explain that you have a secondary objective, which is to acquire a basic impression of his approach to safety. Explain that our company wants to feel comfortable with the fact that labor expended in our behalf is done in a safe environment with personnel knowledgeable of and committed to working safely because we believe that safety is an integral part of doing quality work.

Observation	Comment		
Is there building or facility security as you enter?		☐ Yes	☐ No
Are you required to attend a safety orientation before going into the work area?		☐ Yes	☐ No
Are you required to wear PPE?		☐ Yes	☐ No
Ask your host if they have a Safety Representative. Acquire the representatives Name, Location and Telephone number.		☐ Yes	☐ No
Ask your host if safety or craft training is done and if so where it is done. Acquire a list of available training topics and the training facility location.		☐ Yes	☐ No
Ask your host if they have a Safety Program available for review. Did you see the document?		☐ Yes	☐ No
Ask your host if a Hazard Communication Program is available for review. Did you see the document?		☐ Yes	☐ No
Ask if there are MSDS's available for employee use. Are they easily accessed?		☐ Yes	☐ No
Ask your host if his company has a Substance Abuse Program in effect at this location. Did you see the document?		☐ Yes	☐ No
Is there a safety or first aid facility on the premises?		☐ Yes	☐ No
Is your first impression one of a facility that is well organized?		☐ Yes	☐ No
Do you see housekeeping issues, such as trash and materials accumulated?		☐ Yes	☐ No
Are exits locked or chained?		☐ Yes	☐ No
Do you see fire extinguishers?		☐ Yes	☐ No
Is the work area well lit?		☐ Yes	☐ No
Are personnel using PPE?		☐ Yes	☐ No
Are smoke, dust or environmental pollutants being ventilated from the shop?		☐ Yes	☐ No
Is respiratory equipment in use?		☐ Yes	☐ No
Is there heavy equipment (forklift, Drott, Pickers, etc.) in use in the work area and if so do you see it safely operated?		☐ Yes	☐ No
Are equipment operators trained?		☐ Yes	☐ No
If heavy equipment is present does it appear to be properly maintained?		☐ Yes	☐ No
Are scaffolds used and if so what condition are they in and do they appear to have been built correctly?		☐ Yes	☐ No

SUPPLIER CAPABILITY STUDY (CONFIDENTIAL EVALUATION)

1. Name of Company:

2. Manufacturing Facility: (Street Address):

(City, State, Country and Zip Code):

(Phone No., Fax and E-Mail address):

1. Does the supplier have established written minimum Quality Standards?

2. QA/QC Reports to:

3. Does QA/QC report independent of:

Engineering　　Production

3. If the answer to any of the blanks in Item 5 are "No", explain the relationship:

4. Can the supplier's QA/QC stop production immediately if standards are not meet?

Being met?

If "No", how is quality enforced:

5. QA/QC has control of:

☐ Material Receiving Reports　　☐ Material Certificates

☐ Final Documentation Packages　　☐ NDE☐ Certificates

6. QA/QC Writes or Approves Procedures for:

☐ Fabrication Inspection　　☐ Receiving Inspection

☐ Heat Treating　　☐ Welding

☐ NDE-Sub-Contractors　　☐ Handling Conformance

☐ Calibrations　　☐ Testing

7. QA/QC Supervises:

☐ Receiving Inspection　　☐ Product Final Inspection

☐ Training of Inspection Personnel　　☐ Measuring/Testing Equipment Control

☐ Training of NDE Personnel　　☐ Fabrication Inspection

☐ Testing Facilities　　☐ NDE Operations

8. The supplier has written procedures for handling:

☐ Non-Conformances　　☐ Repairs

9. Do procedures include identification and segregation of non-conforming items?

10. Does the supplier survey sub-vendors of material to determine their qualifications to supply materials?

11. Does the supplier expedite their sub-vendors for timely delivery of materials, or other items?

12. How many expeditors does the supplier have?

13. Does the supplier have written procedures to control the approval and distribution of procedures, instruction and drawings?

14. Does the document control program assure that revisions are approved and distributed in the same manner as the original documents and that obsolete documents are removed and controlled?

15. Are purchase orders, shop travelers and routing sheets clearly marked as requiring traceability identification for those items requiring it?

16. How are materials requiring traceability marked?

17. To what Code(s) are the welders qualified?

☐ AWC D1.1 ☐ ASME Section IX ☐ Other (Specify)

18. Are welder performance records maintained by the supplier?

If "No", how are welders reviewed for performance?

19. Is welding performed using qualified procedures?

20. What welding processes are used most frequently?

☐ (SMAW) Shielded Metal Arc Welding ☐ (SAW) Submerged Arc Welding

☐ (GMAW/MIG) Gas Metal Arc Welding ☐ (GTAW/TIG) Gas Tungsten Arc Welding

☐ Oxy-Acetylene Welding ☐ Other (Specify)

21. Does the supplier have heat treatment furnaces?

22. Does the supplier have written program to control measuring and test equipment?

23. Are calibration records maintained?

24. Are stickers attached to the equipment to indicate the calibration date, due date and identity of the person that did the calibration?

25. List the in-house testing capabilities, such as hydrostatic testing, helium leak, leak testing, rotating equipment balancing, performance, Net Positive Suction Head (NPSH), operational test, megger test, temperature rise, etc:

26. Are test results documented?

27. List in-house capabilities of**:

Rolling Bending

Tray Plate Rolling

Insulation Pipe Rolling

Refractory Other

** *If subcontracted, give name and address of their sub-suppliers:*

28. Check NDE used by the supplier in-house:

☐ RT ☐ X-Ray Machine ☐ Immersion

☐ UT ☐ Eddy Current ☐ Dry Powder

☐ MT ☐ Wet Fluorescent ☐ Fluorescent

☐ PT ☐ Color Contrast ☐ Contract

☐ Isotope

29. For those NDE methods performed by the supplier in-house staff, are there any certified Level III Personnel as defined in SNT-TC-1A on the staff?

☐ Yes ☐No

If "No", who trains, tests and certifies other?

30. Is NDE performed to a qualified procedure?

31. Is all NDE performed by SNT-TC-1A certified personnel?

32. Are NDE results documented?

33. Does supplier QA/QC verify and document completion of the following items before releasing the equipment for shipment?

☐ NDE ☐ Testing

☐ Completeness of Assembly ☐ Painting

☐ Dimensional Checks ☐ Packaging

☐ Proper Markings ☐ Preservation

☐ Documentation ☐ Cleanliness of Items

34. Indicate which methods are used to assure that all inspections, including mandatory witness/hold points specified by the supplier and its customer have been completed:

☐ Shop Travelers ☐ Process Sheets

☐ Check Lists ☐ Inspection Tickets

35. Does supplier's engineering department design and guarantee process equipment if given the Performance Data for design?

☐ Yes ☐ No

36. Does the supplier have a safety program? ☐Yes ☐ No

37. General condition of supplier's fabrication facility and equipment.

☐ Excellent ☐ Good

☐ Fair ☐ Poor

38. Impression of Supplier, were they congenial, responded to your question without hesitation, willing to show you past documentation? ☐ Yes ☐ No

If "No" Explain? ________________

39. Opinion of workers?

☐ Excellent ☐ Good

☐ Fair ☐ Poor

40. Are QA Records protected from fire and pilferage? ☐ Yes ☐ No

41. Opinion of overall quality of workmanship?

42. Orders Backlog and Opinions?

43. Additional Information:

Survey Form Completed By: Date:

Summary Information:

附件5 采购案例

【案例一】催交

沙特聚酯项目(PET)中，整个CP单元(聚酯液相集合单元)是属于专利商(Uhde Inventa-Fisher)包设备合同，牵涉到各设计专业，此包设备包括反应器、换热器、泵等各种设备，还包括工艺配管材料、电气仪表设备材料等。

这个专利包合同是于2011年4月8日签署的，交货期是合同生效后9~13个月，并分为十几个发货批次，发货地有德国汉堡港、比利时安特卫普港、南斯拉夫里耶卡港、中国上海港。

由于整个合同项下的货物是整个项目中最重要包设备之一，牵涉到供应商的大量设计工作，以及承包商的对供应商提交的设计文件的反复确认。整个合同项下的图纸和文件量非常大，牵涉的文件类型就达317种之多，设计文件、图纸按时完成对设备材料按时订货和准时交货至关重要，因此在合同签署后，承包商立即安排专人负责此包的催交工作，根据合同约定的《文件、图纸提交计划》开展催交工作，该《文件、图纸提交计划》包括文件和图纸名称、要求供应商提交时间、承包商设计确认反馈时间、要求业主确认时间等，并且要求供应商每周将此《文件、图纸提交计划》更新一版，一旦出现文件、图纸延误，承包商立即通报各方的设计经理和项目经理，并及时采取弥补措施。此外，在遇到影响整体设计进度的文件和图纸延期交付的情况下，承包商通过发正式信函通报供应商高层等方式施加压力。此外，由于专利供应商总部位于欧洲，且设计文件及图纸量非常大，通过常规的电子邮件、电话等沟通方式还未达到催交的效果，这时，承包商就要求供应商根据不同设计阶段，派遣相关对口设计人员到承包商的总部，与承包商的设计人员一同开展设计和确认的工作，直到全部设计完成。通过上述有效的方式，本合同项下的所有设计文件、图纸基本都按照计划要求的进度完成了，由此也为设备材料的采购提供了保障。

此合同专利商是一家专利设计公司，所有合同项下的设备材料均由其分包供应商提供，并且分包商大多分布在欧洲各国，为了更好地掌握及控制在欧洲各国分供应商设计制造实际进度情况，承包商通过物资装备部的欧洲事业公司在欧洲的有利条件，寻找了一家有较好合作检验并且专业背景很强的催交检验公司来执行相关的货物催交工作。催交检验公司按照合同以及分包商的进度计划，定期访厂催交，并且提交详细的催交报告，帮助承包商及时了解了各个分包商的实际生产情况、存在的问题。经过细致有效的催交，该合同项下的所有设备材料按合同要求如期交付。

【案例二】检验

沙特聚酯项目中，宁波天翼石化重型设备制造有限公司承接了其中4个合同项下静设备的制造，包括40台CP单元和19台HTM单元的压力容器，以及6台CP单元的换热器。

这些设备在承包商采购的所有设备中，检验等级较高，同时要求检验员有相关专业知识和丰富的检验经验。此外，业主的工程规定中，对压力容器的制造检验也高于相关标准的要求。经过询比价，承包商最终委托了德国TUV检验公司对该批设备进行驻厂检验。该检验公司于1871年前成立于德国，总部位于德国慕尼黑，全球拥有16000多名员工遍及600多个办事处，在中国设有分公司，其中中国专业检验工程师有112人。检验工程师多数人受训于海外，包括无损探伤、AWS/CWI焊接、材料、相关试验、油漆等专业方面，在压力容器的检验方面有非常丰富的经验。

工厂制造开始前，业主代表、承包商和TUV的检验员在供应商工厂，按项目要求召开了预检会议。会上，各方进一步澄清了项目检验要求和检验质量文件的提交程序，并确认了检验计划中的实施细则，批准了制造厂提交的检验程序文件。

工厂制造过程中，TUV检验工程师进行驻厂监造并每日提交检验简报，每周提交详细检验周报，日常检验工作主要包括：

焊接工艺、无损检测工艺、压力试验和油漆等程序文件的确认。

- 材料验收和标记移植验证，审核相关材料证书。
- 材料切割坡口检查，组对过程中的错边量和棱角度检查。
- 设备制造过程中的尺寸检查。
- 焊接人员资格认定，焊接质量检查。
- 见证无损检测试验(包括PT/MT/RT/UT)，并审核相关报告。
- 见证压力试验和气密性试验，并审核压力试验报告。
- 设备表面处理检查，包括喷砂、油漆、酸洗的外观检查，油漆漆膜厚度检查。
- 确认最终包装符合项目要求。
- 审核竣工资料。
- 检验过程中发现的不一致问题(NCR)的处理过程及结果确认。

在整个驻厂检查过程中，检验工程师共发现各类不一致问题(NCR)13项，其中包括材料、焊接、尺寸、外观、油漆等方面，所有不一致问题都及时地进行了反馈，并且制造厂按承包商和业主批准的整改措施进行了整改，TUV检验工程师见证了整个整改过程并确认结果符合相关标准及项目的要求。最终，承包商的检验主管签发了检验放行。至此，该批设备的工厂检验工作全部完成。

【案例三】物流

境外项目物流运输工作由于其路途远、金额高、品种多、风险大的特点，与境内项目运输相比较，中间环节多、手续复杂、不可控因素多，需要从多角度把握好关键环节，保证物流工作顺畅地进行，从而保证采购工作甚至整个项目正常运行。

本案例以承包商同时承接的沙特PET和PLF两个项目为例，分析和总结了境外项目物流管理的要求的难点。

这两个SABIC项目的物流运输是以重大件货物、机械设备及材料的跨国运输为主，物流管理的内容主要包括编制运输计划、对物流公司的物流运输流程进行监控与信息沟通、单据确认、办理保险业务、顺利清关、免表提交以及办理退税等。

物流管理面临的重点和难点有：

1　运输周期长

境外项目正常的运输周期从设备检验放行开始，首先进行包装、唛头、箱单、发票等一系列运输文件的确认及放行，再根据货物实际情况安排运输、通关、交货等，正常国际物流周期时间可达30~35天，超限设备甚至达到45天。在项目后期，对于一些备品件、急需货物，为保证项目进度，大多会采用空运方式，运输时间会大幅度缩短，但运输成本也相应增加很多。

2　当地政策及自然环境因素影响

设备材料出口国、项目所在地国的宗教信仰、政策法规、标准及认证以及物流运输自然条件都会给国际采购物流正常运行带来影响，有些是非常大的影响。

2.1　沙特当地斋月、开斋节、宰牲节期间难以保证清关进度

例如，PET项目地处沙特西部地区的延步，货物进出口以吉达港口为主，而吉达又是前往麦加的中转站，在每年的7月到8月斋月期间，全球穆斯林均聚集于此中转前往麦加进行朝拜，整个吉达地区以保证信徒的交通畅通为主，港口清关及运输工作难以推动，大量货物积压，有的甚至遗失，给运输工作带来较大影响。需要提前做好准备工作来应对，或尽可能避开这段时间内的货物安排。

2.2　沙特海关进口政策的经常调整对清关工作带来较大影响

沙特目前项目很多，大量的境外工程公司集中于此，进口货物较多，海关经常会调整其进口政策。在2012年11月份，沙特海关出台了必须提供与进口货物金额匹配的付款证明才能进行清关的政策，而EPC项目的付款方式是非常复杂的，大多数以T/T预付款、L/C进度款的形式支付，很难提供100%匹配的付款证明。当时大量货物积压港口，经过与业主、清关公司、海关的再三澄清，承包商提出了以EPC合同进度款的方式涵盖设备材料货款的方式进行清关，海关表示接受，停止了近两个月的清关工作得以重新启动，沙特当地其他工程公司也纷纷效仿。海关今后仍然会有很多特别的政策或内部调整，承包商需要与业主、当地清关公司保持密切联系，出现问题时，需要立即与海关和报关公司沟通商议解决办法，才能保证运输工作顺利开展。

2.3　特定许可证的办理

沙特两个项目，涉及的特定许可有SASO、CITC、CHEMICAL IMPORTING LICENSE等。在沙特不同地区的海关对特定许可证的办理要求不同，比如SASO在吉达海关必须办理，而在达曼海关却没有要求，因此对于一些急需物资，承包商采取临时调整目的港的方式，合理的规避了一些特定许可证的办理。从项目费用上虽然有所增加，但大大节省了清报关周期和运输时间，为后期项目进度的推进节约了时间。

2.4　气候的影响

海外冬季运输，极端低温情况下河道封锁，运河维修关闭等，对于必须海路运输的大件设备，比如PET项目中欧洲供应商UIF的反应器，虽然供应商尽力保证了按时生产完毕，但面临极端环境，而致航道封锁。承包商无法保证运输进度也无法进行索赔。

3　签订采购合同时的货物交付方式尽量根据设备材料内容及产地的不同区别对待

沙特境外的设备一般以FOB交货条款为主，对于运输清关文件均由承包商审核提交，以保证运输文件的统一性，从而避免因为文件错误造成的滞港现象。而CIF条款由于出口文件均由供应商与其货运代理承办，在货物到港后运输文件的稍许偏差就很容易造成滞港。同时，对于一些必须境外采购的设备或散材，产地有时分散为几个国家，一个合同会不可避免地形成分批交货及出口口岸变化，从而导致运输成本的增加。因此，承包商在签订采购合同时，及时跟根据货物的交付地以及运输成本的分析后，选择合适的交付条款。

参 考 文 献

[1] 中国勘察设计协会，中国工程咨询协会．创建国际型项目管理公司和工程公司实用指南[M]．北京：化学工业出版社，2004

[2] 国际咨询师联合会．设计采购施工(EPC)/交钥匙工程合同条件(Conditions of Contractor EPC/Turnkey Projects)[M]．北京：机械工业出版社，1999

[3] GB/T 19000—2008/ISO 9000：2005《质量管理体系 基础和术语》(Quality Management Systems-Fundamentals and vocabulary)

[4] GB/T 19001—2008/ISO 9001：2008《质量管理体系—要求》(Quality Management Systems-Requirements)

[5] 刘家明，陈勇强，戚国胜．项目管理承包——PMC 理论和实践[M]．北京：人民邮电出版社，2005

[6] (美)项目管理协会．项目管理知识体系指南(A Guide to the Project Management Body of Knowledge, Fourth Edition)[M]．4 版．北京：电子工业出版社，2009

[7] (美)菲利浦·克劳士比(Philip Crosby)．质量无泪(Quality without tears：The art of hassle-free management)[M]．北京：中国财政经济出版社，2002

[8] (美)塞缪尔·亨廷顿(Samuel P. Huntington)．文明的冲突与世界秩序的重建．(The Clash of Civilizations and Remaking of World Order)[M]．3 版．北京：新华出版社，2002